功夫厨房系列

烤 喷香滋味绕齿间

甘智荣　主编

U0213047

重庆出版集团 重庆出版社

图书在版编目（CIP）数据

烤：喷香滋味绕齿间 / 甘智荣主编. —重庆：
重庆出版社，2016.3
　　ISBN 978-7-229-10790-1

　　Ⅰ.①烤…　Ⅱ.①甘…　Ⅲ.①菜谱　Ⅳ.
①TS972.12

　　中国版本图书馆CIP数据核字(2015)第296434号

烤：喷香滋味绕齿间
KAO:PENXIANG ZIWEI RAO CHIJIAN

甘智荣　　主编

责任编辑：刘　喆
责任校对：何建云
装帧设计：深圳市金版文化发展股份有限公司
出版统筹：深圳市金版文化发展股份有限公司

重庆出版集团　出版
重庆出版社

重庆市南岸区南滨路162号1幢　　邮政编码：400061　http://www.cqph.com
深圳市雅佳图印刷有限公司印刷
重庆出版集团图书发行有限公司发行
邮购电话：023-61520646
全国新华书店经销

开本：720mm×1016mm　1/16　印张：15　字数：150千
2016年3月第1版　　2016年3月第1次印刷
ISBN 978-7-229-10790-1
定价：29.80元

如有印装质量问题，请向本集团图书发行有限公司调换：023-61520678

总 序 ‹‹‹‹‹‹

FOREWORD

　　随着生活节奏的加快，人们在工作之余越来越渴望美食的慰藉。如果您是在职场中打拼的上班族，无论是下班后疲惫不堪地走进家门，还是周末偶有闲暇希望犒劳一下辛苦的自己时，该如何烹制出美味可口而又营养健康的美食呢？或者，您是一位有厨艺基础的美食达人，又如何实现厨艺不断精进，烹制出色香味俱全的美食，不断赢得家人朋友的赞誉呢？当然，如果家里有一位精通烹饪的"食神"那就太好了！然而，作为普通百姓，延请"食神"下厨，那不现实。这该如何是好呢？尽管"食神"难请，但"食神"的技能您可以轻松拥有。求人不如求己，哪怕学到一招半式，记住烹饪秘诀，也能轻松烹制一日三餐，并不断提升厨艺，成为自家的"食神"了。

　　为此，我们决心打造一套涵盖各种烹饪技法的"功夫厨房"菜谱书。本套书的内容由名家指导编写，旨在教会大家用基本的烹饪技法来烹制各大菜系的美食。

　　这套丛书包括《炒：有滋有味幸福长》《蒸：健康美味营养足》《拌：快手美味轻松享》《炖：静心慢火岁月长》《煲：一碗好汤养全家》《烤：喷香滋味绕齿间》六个分册，依次介绍了烹调技巧、食材选取、营养搭配、菜品做法、饮食常识等在内的各种基本功夫，配以精美的图片，所选的菜品均简单易学，符合家常口味。本套书在烹饪方式的选择上力求实用、广泛、多元，从最省时省力的炒、蒸、拌，到慢火出营养的炖、煲，再到充分体现烹饪乐趣的烤，必能满足各类厨艺爱好者的需求。

　　该套丛书区别于以往的"功夫"系列菜谱，在于书中所介绍的每道菜品都配有名厨示范的高清视频，并以二维码的形式附在菜品旁，只需打开手机扫一扫，就能立即跟随大厨学做此菜，从食材的刀工处理到菜品最终完成，所有步骤均简单易学，堪称一步到位。只希望用我们的心意为您带来最实惠的便利！

　　烤是最古老的烹饪方法，自从人类发明了火，知道吃热的食物时，最先使用的烹饪方法就是烤，烤是人类对美食的第一次探险，由此展开了之后一系列的传承、发扬和壮大。隋朝时期，整个民族文化的昌盛也带来了饮食文化的发展，但在众多的烹饪方法中，烤制食品依然占据着重要的位置，这时候的烤已经对其用火、用料等方面都有了比较详细的要求。

　　不过，随着时间的推移，"烤"逐渐被大多数人遗忘，我们的脚步不断地被时间追赶，好像根本无法抽出足够的时间、多余的热情，去研究这个与日常餐桌关系并不大的烤制食品！

　　其实烤很实用也很简单，只要稍微花一点心思，我们就能从烤中找到惊喜。一个烤箱或是一个烧烤炉，能带给我们的不仅是时间成本的节约，更是那难得的新奇体验！或是从紧张的时间中挤出几分钟为自己烤一道简单的美食，犒赏努力一天的自己；或是利用闲暇时光，游走在烤箱的恬然世界中，宁心静气，为朋友烤制一道精致的美味西点；更或是心累了、倦了，那就抛开烦恼，与朋友在户外畅享一段热情的烧烤聚餐，"烤"总能以其激荡人心的火热帮我们重新找回心情的放松与生活的精彩。

　　"烤"很简单，而一本称心的烤功秘籍更是能让您在烤功的修炼之路上事半功倍，为此，我们精心策划了这本"烤"功秘籍，第一章从基本功开始介绍关于烤的基本知识，第二、三、四章是"烤"功的精华部分，分别介绍家常烤箱美食、西点烘焙、烧烤炉烤菜，每一章都是练就"烤"功不可或缺的组成。

　　需要说明的是，全书的菜谱不仅配有详细的做法文字和精美成品大图，还有详细的步骤图可以参考。另外，全书所有菜谱都配有二维码视频，只要拿出手机轻轻一扫，菜肴的制作视频立刻为您呈现，保证一看就懂，一学就会。

　　最后，衷心地希望烤制美食能给您的生活增添光彩！也希望您早日练就"烤"功最高功力，成为烤制美食界的功夫之王！

目录
CONTENTS

PART 3　西点烘焙 ////////////////////////////

PART 4 烧烤炉美食 //

"烤"功必备知识

从最初的保存火种烤制猎物到现在的全自动，"烤"被人类的大脑充分升级，本章介绍烤的一些基础常识，快来进入功夫厨房，感受"烤"的魅力吧！

常用烧烤炉、烤箱

烤是人类最原始的烹调方式，把食物放置于接近热源的位置直接进行加热。操作简便，让人享受美味的同时还能体验劳动的乐趣。练就"烤"功，首先得来了解常用的烤制工具烤箱和烤炉。

关于家用烤箱

烤箱一般可分为家用烤箱和工业烤箱两种。家用烤箱可以用来加工一些面食，如面包、饼干、蛋糕、比萨、蛋挞、小饼干等，此外，有些家用烤箱还有做菜的功效，例如可以用来烤鸡肉等，且做出的食物香气扑鼻。工业烤箱，则是工业上用来烘干产品的一种设备，此处主要介绍日常烘焙所用的烤箱，即家用烤箱。家用烤箱又可分为台式小烤箱和嵌入式烤箱两种。

嵌入式烤箱

嵌入式烤箱被称为小烤箱的升级和终极版，以高品质著称。通常情况下，嵌入式烤箱的功率都比较大，所以其最大的优点，就是烘烤速度快，密封性和隔热性都很好，而且温控准确，当然耗电大，费用高也是它相对的劣势。不过，随着烘烤制作的普及，它也受到越来越多人的喜爱。

台式小烤箱

台式小烤箱最大的优点就是非常灵活，是一款可以根据需要选择不同配置的烤箱。台式小烤箱是较早被人们选择的烤箱，使用起来也比较方便，是大多数家庭的选择。

关于家用烧烤炉

烧烤炉是一种用于烧烤肉串、蔬菜等的设备。烧烤炉分为3种，炭烤炉、气烤炉和电烤炉，其中气烤炉和电烤炉以无油烟、对产品无污染而备受欢迎。这里主要介绍大家常用的电烤炉和炭烤炉。

炭烤炉

炭烤炉是用木炭作为燃料的一种烧烤设备。由烤盘、炭桶、油槽、底座构成，烧烤时需要准备烤炉、木炭、固体酒精、点火器。炭烤炉是使用最广泛的烤炉，主要用于庭院聚餐、户外野炊。常见的炭烤炉有落地型炭烤炉和书桌型炭烤炉。

1.落地型炭烤炉：落地型炭烤炉一般是放在桌面或席子上面使用，流行于韩日和欧美国家，会在一些庭院聚会、家庭聚餐以及户外旅行时看得到，非常方便携带和干净卫生，深受户外一族的喜爱。在户外想吃上干净卫生的食物确实很难，如果带上一个炭烤炉基本什么难题都解决了。但是落地型炭烤炉一次只能满足四到六人的饮食需要，若人多，则需多个才行。

2.书桌型炭烤炉：书桌型炭烤炉外观很像一个桌子，有四个脚，是一种非常常见的炭烤炉，大街上非常多。它可以同时做大量的食物满足用户需求，但是由于体形太大、不方便携带和卫生问题，家庭中不是很常用。

电烤炉

电烤炉是一种用电加热的烧烤工具，一般容易与电烤箱相混淆。电烤炉分为以下三种，每一种都有其独特的优点，以适应不同人群的需求。

1.红外线电烤炉：红外线电烤炉分三种：一种是旋钮式控制，一种是皮膜式控制，一种是轻触微电脑式控制。红外线电烤炉采用的是钢化玻璃盖，比炭、煤气类电烤炉的加热速度快1.5倍，还配有无烟无灰的双重安全设置，可适用于所有烧烤类食物，适合高档营业场所、烧烤店、日韩料理店等。

2.陶瓷板电烤炉：陶瓷板电烤炉开放式发热，使用创新技术的发热原材料，将电热能转变为红外线，功率为200～2000W，可以根据烹饪食材任意选择。陶瓷板电烤炉配有热奶、煲汤、烧水、烧烤、爆炒、火锅等不同功能，大大地体现了可选性强的特性。

3.电炉丝电烤炉：电炉丝电烤炉具有煎、烤、炸功能，小巧玲珑，加热时热量快速传递，能使烤肉受热均匀。电炉丝电烤炉具有设计独特的储热结构，可实现无级温度调节，其操作方便、环保节能，是很多家庭的优先选择。

稳打"烤"功基础，正确使用烤箱和烤炉

看到别人轻轻松松就能做出美美的烤菜，是不是很羡慕？不用急，学会如何正确使用烤箱和烤炉，咱们也能做出大师级的烤菜。下面大家一起来了解这些"烤"的注意事项，为接下来的学习打下坚实的基础吧！

烤箱使用小锦囊

烤箱可以用来做面包、比萨、蛋挞、小饼干之类的点心，也可以用来烤肉菜。想要用烤箱做出香气扑鼻的食物，需要做到以下几点：

正确放置烤箱

在使用烤箱之前，先将烤箱放置在隔热的水平桌面上，注意应是平稳的隔热的平面。此外，周围应预留足够的空间，保证烤箱表面与其他物品至少有10cm的距离，且烤箱顶部不能放置任何物品，避免在烤箱运作过程中产生不良的影响。

初次使用应去除烤箱异味

长期放置而没有使用的烤箱和新购买的第一次使用的烤箱，在烘烤之前一定要先去除烤箱内的异味，否则食用带有异味的烤箱烘烤出来的食品对健康无益，并且影响口感。

一般情况下，去除烤箱异味的步骤比较简单。先用温水将烤架和烤盘稍微清洁一遍，然后用浸过清洁剂的柔软湿布擦拭烤箱内部，等待烤箱完全干燥，将烤箱门半开，上下火全开，将温度调至烤箱最高温度空烤5分钟，之后就可以正常使用烤箱了。

预热烤箱

在使用烤箱烘烤任何食品之前，都需要先将烤箱预热，经过预热后烤出来的食物会更加的可口。

由于被烘烤的食物不同所需的温度也不同，时间可根据预热时间来估计预热温度。若烘烤鸡鸭等一类体积大、水分多的食物预热温度可选高一些，可选在250℃左右，预热时间可控制在15分钟。若烘烤花生米、芝麻等体积小、水分少的食物预热温度可选低一些，时间可控制在5～8分钟。带壳的花生预热时间可适当延长。

温度控制

在使用家用烤箱制作烘焙时，需要

注意对烤箱温度的准确控制。

以用烤箱烘烤蛋糕为例，一般情况下，蛋糕的体积越大，烘焙所需的温度越低，烘焙时间越长；蛋糕的体积越小，烘焙所需的温度越高，烘焙所需的时间越短。

设定烘烤时间

不同食材吸收能力不同，升温速度也不一样，因此烘烤时间应不同。例如花生、瓜子、芝麻等吸收能力弱升温快，烘烤时间可短一些，并注意经常搅拌，以便烘烤均匀；像面包、饼干之类吸收能力强些，升温速度慢一些的，烘烤时间可适当延长。另外，也可根据自己的需要适当设定烘烤时间，比如喜欢吃质硬的面包，时间可适当延长。

正确利用烤箱余热

要注意烤箱停电后的2～3分钟内烤箱的远红外能力还在不断反射，没有吸收完，烤箱的温度还会继续上升。实验证明花生米从冷态开始烘烤16分钟后停电，在停电后的2分钟内温度可升高12～15℃，足以使烘烤适度的花生米变焦。熟练地利用好余热不但可省电，还可烤出美味的食物。

烤炉使用小锦囊

烤炉是户外烧烤的必备工具，使用烤炉需要注意以下几点：

烧烤前确保烤炉干净

使用前要清楚烤炉各部分的功能和使用方法，先将烤炉清理干净，摆放平整、稳固。

烤架上应刷一层食用油

在烧烤食物前，先将烤架上刷一层油，以免食物粘在架上。随时用刷子刷掉烤架上的残渣，保持烤架清洁，才不会影响食物的风味。

将食物放在烤网中间

将食物均匀地摆放在烤网中间，尽量使各处食物都受热均匀。在烧烤的过程中，可以经常翻面使食物各部位都受热均匀。

掌握好烤制时间

烤制时间的长短应根据当时烧烤的食材品种和火候大小而定，只有这样，才能使烤出来的食物更美味可口。蔬菜类食材可以直接放在烤网上面，均匀地刷上一层食用油，再撒入适量调料，翻动着烤制，时间不宜太久，烤熟即可；肉扒、排骨之类的食材，一般烤制时间要5～15分钟，应该两面都刷上食用油烧烤，并适时翻面烧烤，以确保食物的各部位都烤制熟透。

适时加调料

在烧烤过程中，应适时加入一些调料、酱料，不仅可以增强美味口感，而且可以使食物不容易变焦。可以根据个人的喜好来添加调料和酱料。

烘焙速成！学会这几招让您玩转烤箱

很多人都能轻而易举地用烤箱烤出美味菜肴，可是一提到用烤箱烘焙出面包、蛋糕等就会束手无策。其实烘焙并不难，所谓万变不离其宗，只要掌握和面和制作酱料的技巧，大多数烘焙问题都能迎刃而解。

基础面团制作

原料：高筋面粉250克，酵母4克，黄油35克，细砂糖50克，水100毫升，奶粉10克，蛋黄15克

做法：

1.将高筋面粉倒入案台上，加酵母、奶粉，充分拌匀，用刮板开窝。

2.加入细砂糖、蛋黄、水。

3.把内层高筋面粉铺进窝，让面粉充分吸收水分。

4.将材料混合均匀，揉搓成面团，加入黄油。

5.揉搓，让黄油充分地在面团中揉匀。

6.揉至表面光滑，静置即可。

制作小贴士：

做面团开窝加水时，特别注意不要让水溢出来。

丹麦面包面团制作

原料：高筋面粉170克，低筋面粉30克，黄油20克，鸡蛋40克，片状酥油70克，清水80毫升，细砂糖50克，酵母4克，奶粉20克，干粉少许

做法：

1.将高筋面粉、低筋面粉、奶粉、酵母倒在案台上，搅拌均匀。

2.在中间掏一个窝，倒入备好的细砂糖、鸡蛋，将其拌匀。

3.倒入清水，将内侧一些的粉类跟水搅

拌匀，再倒入黄油，一边翻搅一边按压，制成表面平滑的面团。

4.撒少许干粉在案台上，用擀面杖将揉好的面团擀制成长形面片，放入片状酥油。

5.将另一侧面片覆盖，把四周的面片封紧，用擀面杖擀至里面的酥油分散均匀，将擀好的面片叠成三层，再放入冰箱冰冻10分钟。

6.待10分钟后将面片拿出继续擀薄，依此擀薄、冰冻反复进行3次，再拿出擀薄擀大，将擀好的面片切成大小一致的4等份，装入盘中即可。

制作小贴士：

揉制面团的时候力度最好一致，这样烤出来的口感会更好。

日式乳酪酱的制作

原料： 水100毫升，蛋糕油5克，糖粉50克，低筋面粉100克，奶粉10克

做法：

1.取一大玻璃碗，加入水和糖粉，用电动搅拌器拌匀。

2.倒入蛋糕油、奶粉、低筋面粉。

3.将材料稍稍拌匀。

4.开动搅拌器搅拌3分钟至酱料细滑。

5.取一小玻璃碗和长柄刮板。

6.用长柄刮板将拌好的酱料装入小玻璃碗中即可。

制作小贴士：

在加入蛋糕油后搅拌的时间不宜过长，不然会产生气泡，影响成品的口感。

椰子酱的制作

原料： 鸡蛋2个，糖粉50克，盐3克，色拉油300毫升，椰蓉70克，牛奶香粉3克

做法：

1.取大碗，倒入鸡蛋、糖粉、盐拌匀。

2.缓缓倒入色拉油，不停搅拌。

3.加入牛奶香粉、椰蓉。

4.充分拌匀至酱料细滑。

5.取一小玻璃碗和长柄刮板。

6.用长柄刮板将拌好的酱装碗即可。

制作小贴士：

加色拉油的时候，要缓慢加入。

无经验也不怕！烧烤必备清单一手掌握

休闲时光，邀请三五好友进行一次户外烧烤，多么潇洒！可因经验不足，很多人都不知道烧烤之前要做什么准备工作，让美好时光平添了几分不美好。不用担心，这里准备了最全户外烧烤清单，一起来看看吧！

烧烤食材清单

以下是适合烧烤的食材，大家可以根据自己的喜好荤素搭配，自行挑选。

肉禽

五花肉、猪蹄、培根、香肠、牛肉、羊肉、羊腰、羊板筋、羊脆骨、蹄筋、鸡翅、鸡胗、鸡柳、鸡中翅、鸡翅尖、鸡心、鸭肫、鸭脖、贡丸等。

鱼虾

鱼（各类）、鱿鱼、墨鱼仔、虾、螺肉、干鱼片、蟹、带子、鲜贝、各类鱼丸、虾丸等。

蔬菜

生菜、韭菜、青椒、茄子、南瓜、西蓝花、土豆、红薯、萝卜、洋葱、芋头、山药、大葱、茭白、玉米、金针菇、香菇、杏鲍菇、口蘑等。

水果

香蕉、甘蔗、菠萝、圣女果等。

豆制品

面筋、豆腐皮、豆干、豆腐块、腐竹、千张等。

其他

鸡蛋、鸭蛋、鹌鹑蛋、面包片、馒头片、年糕、小包子、小烧饼、巧克力、棉花糖等。

烧烤调料清单

调料在烧烤中具有重要的作用，调料不仅能改善食物的味道，还能去腥、除膻、解腻、增香、增鲜，合理利用以下烧烤调料，会让烤出的成品更加美味。

食盐

食盐是人类生存最重要的物质之一，也是烹饪中最常用的调味料。烹饪调味，离不了盐。食盐为白色结晶体，吸湿性强，应存放于干燥处。

椒盐

椒盐可用于代替食盐，由于其中含有白胡椒粉及辣椒粉，又可增香增色。

生抽

生抽是酱油的一种，是以大豆、面粉为主要原料，人工接入种曲，经天然晾晒发酵而成的，可用于烧烤中，作为腌制食物的调料。

食用油

食用油是指在制作食品过程中使用的动物或者植物油脂，常温下为液态。烧烤食物时，在食物表层涂抹食用油，可使食物不易被烧焦。

辣椒油

辣椒油是食中一绝，其制作方法相当讲究：大葱头晾干，和老姜皮、辣椒粉一起用植物油煎熬而成。烧烤时刷上辣椒油，可刺激味蕾。

橄榄油

供食用的橄榄油，是用初熟或成熟的油橄榄鲜果，通过物理冷压榨工艺提取的天然果油汁，颜色黄中透绿，有股诱人的清香味，可用于烧烤、煎炸、腌制等。

烧烤汁

烧烤汁是新型复合调味品，呈黑褐色，味咸鲜香浓。烧烤汁是以多种天然香辛料的浸提液为基料，加多种辅料调配而成，具有咸、甜、鲜、香、熏味，能去腥膻。

烧烤粉

加入烧烤粉烤制出的食物，保持了烧烤色泽，有淡淡的咸香。烧烤粉常用于烹饪烤羊、鸡、蔬菜及豆制品等。

孜然粉

孜然粉主要由安息茴香与八角、桂

皮等香料一起调配磨制而成，常用于烹饪牛、羊肉，能够祛除其腥味。

辣椒粉

辣椒粉是红色或红黄色的粉末，由红辣椒、黄辣椒、辣椒籽及部分辣椒干碾细而成的混合物，具有辣香味。

胡椒粉

胡椒粉分黑白两种。白胡椒粉为成熟的果实制成，气味较浓；黑胡椒粉由未成熟而晒干的果实制成，气味较淡。

花椒粉

花椒粉是一种用花椒制成的香料，在烧烤肉类食物时，使用花椒粉，会使其更加香味四溢。

茴香粒

茴香粒是常用的调料，是烧烤肉类和制作卤制食品的必用之品。它能除肉中的臭气，使之重新添香。

肉桂粉

肉桂粉是肉桂或大叶清化桂的干皮、枝皮制成的粉末，又称玉桂粉，是一种味道强烈的辛香料，能增加菜肴的风味。

咖喱粉

咖喱粉是种含15种或更多香辛料的混合调味料，呈金黄色，可以用少量来提高食物本色风味，香辛味浓烈。

蜂蜜

蜂蜜主要成分有葡萄糖、果糖、氨基酸，还有各种维生素和矿物质元素，蜂蜜是一种天然健康的食品。在烧烤时用蜂蜜，可使食物容易上色。

沙茶酱

沙茶酱是起源于潮汕，盛行于闽粤等地的一种混合型调味品。色泽淡褐，呈糊酱状，具有大蒜、洋葱、花生米、虾米和生抽的复合鲜咸味，以及轻微的甜、辣味。

烤肉时可作为腌料，也可直接涂抹在烤物上，沙茶酱常用来做海鲜的调味酱，使烤出的食材风味尤佳。

排骨酱

排骨酱味美又实用，用于腌制金沙骨及涂搓一般烧烤肉类，或作爆炒之用。排骨酱以天然酿造的晒豉、大蒜、辣椒、白糖、番茄、芝麻为主要原料，配以其他调味料精制而成，是烹调特色粤菜的最佳佐料。

排骨酱常用作烧鹅、烧乳猪和叉烧食品的佐料，和其他味汁一起调散，直接淋到菜上即可。

芝麻

芝麻又称为胡麻、油麻，主要有黑芝麻、白芝麻两种。以色泽均匀、饱满、干燥、气味香者为佳，而表面潮湿、油腻者为次品。

烧烤工具清单

所谓"工欲善其事，必先利其器"，一起来看看这些烧烤"神器"，让烧烤之旅不再手忙脚乱吧！

烧烤炉

烧烤炉是一种烧烤设备，可用来做羊肉串、烤肉等。闲暇时可以与三五好友带上烤炉到野外，一边聊天，一边享受烧烤的乐趣。

烧烤叉

既然要制作烧烤菜肴，就少不了烧烤叉。烧烤叉是最常用的烧烤配套工具，可以很方便地将食物叉起来并烤制，适合用来烤乳鸽、鹌鹑等食材。

烧烤夹

烧烤由于表面温度相对比较高，翻面的时候会比较麻烦，这时就需要用到烧烤夹，夹起来翻面。

如果有烤叉可以不使用烧烤夹，但是对于烧烤贝壳类的如扇贝、青口、海螺等食物时，烤完需要烤夹来取食物，烧烤夹既可以夹取食物，又可以用来翻转食物，一举两得。

烤鱼夹

烤鱼夹主要用于烤鱼，防止鱼肉黏附在烤网上，使烤出来的鱼能保持完整，不会散架。使用后需要清洗干净。

不锈钢扦子

相对竹扦来说，不锈钢扦子在烧烤时可以重复使用，但需要注意一点，使用后要放入热水中浸泡，然后再严格进行消毒处理。

烤盘

烤盘常在烤之前刷调料过程中使用，同时最后还可以用来盛放东西，烤盘是烧烤过程中不得不备的利器。

竹扦

竹扦主要用于穿烧烤食物。使用前先用冷水浸泡透，以免过于干燥，在烧烤时着火或断裂。在选购时，可选择稍长一些的竹扦，以免接触时烫伤手。

牙签

在烧烤食物时，牙签的用处也很大，它不但可以用来固定墨鱼仔等易卷曲的食品，还可以代替筷子充当夹取食物的工具。

毛刷

毛刷主要用来在烤网上刷油，便于防止食物粘在烤网上。另外，毛刷还可用来蘸取酱汁，刷在烤肉等食物上，好让它们的味道更香浓、更入味。建议多准备几支毛刷，这样可避免烤制多种食物时互相串味。

锡纸

锡纸又称为铝箔纸，有些食物如金针菇、地瓜等必须用铝箔纸包着来烤，这样可以避免烤焦。且用铝箔纸包着来烤海鲜、金针菇等，也容易储存鲜美的汤汁。

剪刀

在烧烤的过程中，剪刀也是必备不可少的工具之一，既可以剪碎易剪材料，又可以剪除食物被烧焦的部位，在装盘摆设时更加美观。

保鲜膜

保鲜膜很多时候都会用到，特别是当天没吃完的食物在放入冰箱前需要铺一层保鲜膜，免受细菌感染。

隔热手套

在翻动烧烤架上的食物时，手有时会处于烧烤架上方，为了防止烫伤手，最好戴上隔热手套，可以很好地隔热。

家常烤箱美食

PART 2

用烤箱制作家常美食，简单易学，只需放入食材稍等几分钟，华丽大餐就能展现在眼前！本章介绍用烤箱制作家常美食，道道是经典，帮您唤醒疲劳的味觉。

蔬菜菌菇类

Vegetables and mushroom

烤蔬菜卷

烤制时间：20分钟　　口味：咸

原料准备

小葱25克◎香菜30克◎豆皮170克◎生菜160克

调料

盐2克◎生抽5毫升◎孜然粉5克◎食用油适量◎泰式辣鸡酱25克◎辣椒粉15克

制作方法

1　洗净的豆皮修齐成正方形状。

2　洗好的生菜切丝。

3　洗净的香菜切段。

4　洗好的小葱切段。

5　取一碗，加入泰式辣鸡酱、辣椒粉、孜然粉、盐、生抽、适量食用油。

6　拌匀，制成调味酱。

7　往豆皮 上刷一层调味酱，放上小葱段、香菜丝、生菜丝。

8　卷成卷，依次串在竹扦上。

9　将豆皮两面刷上调味酱，放在烤盘中。

10打开烤箱，放入烤盘。

11关好箱门，将上火温度调至150℃，选择"双管发热"功能，再将下火温度调至150℃，烤20分钟至熟。

12打开箱门，取出烤盘，将烤好的蔬菜卷放入盘中即可。

烤韭菜

烤制时间：5分钟　口味：辣

原料准备
韭菜90克

调料
盐、孜然粉各2克◎辣椒粉、椒盐粉各5克◎食用油适量

制作方法

1 用竹扦将韭菜从根部串起来。

2 烤盘中放上锡纸，放入串好的韭菜，两面分别刷上食用油，撒上椒盐粉、盐、孜然粉、辣椒粉。

3 取烤箱，放入烤盘。

4 关好箱门，将上火温度调至180℃，选择"双管发热"功能，再将下火温度调至180℃，烤5分钟至韭菜熟。

5 打开箱门，取出烤盘。

6 将烤好的韭菜装入盘中即可。

烤青椒

烤制时间：15分钟　　口味：辣

原料准备

去籽青椒110克◎蒜末、葱花、红椒圈各少许

调料

盐、鸡粉各2克◎白糖3克◎芝麻油、陈醋、生抽各5毫升◎食用油适量

制作方法

1 取一碗，放入葱花、蒜末，加入生抽、陈醋、盐、鸡粉、白糖、芝麻油，拌匀，制成调味酱。

2 烤盘中铺上锡纸，刷上食用油，放入青椒。

3 取烤箱，放入烤盘。

4 关好箱门，将上火调至200℃，选择"双管发热"功能，下火调至200℃，烤15分钟。

5 打开箱门，取出烤盘，将烤好的青椒切成小段。

6 装入碗中，倒入调味酱，拌匀，装入盘中，撒上红椒圈即可。

烤·功·秘·籍

　　调料可以根据自己的口味添加，青柠汁就是很不错的调味品，加入青椒中别有一番风味。

少油版烤茄子

烤制时间：30分钟　　口味：辣

原料准备 🌿
茄子165克◎朝天椒圈20克◎葱花、蒜末、香菜碎各少许

调料 🥄
盐、鸡粉各1克◎生抽、芝麻油各5毫升◎食用油适量

制作方法 🍳

1 洗净的茄子对半切开，再切上"十"字花刀。

2 取一个空碗，倒入葱花、香菜碎、蒜末、朝天椒圈。

3 加盐、鸡粉、食用油、芝麻油、生抽拌成调味酱。

4 备好烤箱，取出烤盘，放上锡纸。

5 放入切好花刀的茄子。

6 刷上食用油。

7 刷上调味酱。

8 打开箱门，将烤盘放入烤箱中，关好箱门。

9 上下火调至200℃，选择"双管发热"，烤25分钟。

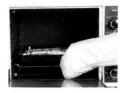

10 打开箱门，取出烤盘。

11 往茄子上刷入适量食用油，再刷上剩余调味酱。

12 再将烤盘放入烤箱中。

13 关好箱门，烤5分钟至熟透入味。

14 打开箱门，取出烤盘，将烤好的茄子装盘即可。

🍲 **烤·功·秘·籍**

　　加入少许胡椒粉一起制成调味酱，能为菜品增添风味；烤好后保温，吃的时候洒上少量醋或者是柠檬汁，味道会更好。

酸梅酱烤圣女果

烤制时间：10分钟　　口味：酸

原料准备

圣女果100克

调料

食用油、芝士粉、酸梅酱各适量

制作方法

1 将洗净的圣女果从中间对半切开，待用。

2 烤盘中铺好锡纸，刷上适量油。

3 放入切好的圣女果，摆好，撒上适量芝士粉。

4 推入预热好的烤箱中。

5 关好箱门，将上火温度调为180℃，选择"双管发热"功能，再将下火温度调为180℃，烤约10分钟，至食材熟透。

6 断电后打开箱门，取出烤盘，将烤好的菜肴装在盘中，浇上适量酸梅酱即成。

烤·功·秘·籍

圣女果洗净后一定要擦干水分，不然表皮烤出来口感不佳；酸梅酱可先用白糖调匀，食用时才不会太酸。

原料准备
茭白160克

调料
盐少许 ◎ XO酱30克

制作方法

1 将洗净去皮的茭白切去头尾，改切长方块，再切上刀花。

2 烤盘中铺好锡纸，放入切好的茭白，摆放整齐，推入预热好的烤箱中。

3 关好箱门，将上火温度调为200℃，选择"双管发热"功能，再将下火温度调为200℃，烤15分钟至食材断生。

4 打开箱门，取出烤盘，刷上XO酱，撒上盐，再次推入烤箱中，关好箱门，烤约3分钟，取出烤盘，装盘即成。

XO酱烤茭白

烤制时间：18分钟　口味：咸

芝士五彩烤南瓜盅

烤制时间：8分钟　　口味：淡

原料准备 🍴

南瓜盅1个◎酱豆干粒、胡萝卜粒、圆椒粒、彩椒粒、心里美萝卜粒各少许◎黄油适量

调料 🏷

盐3克◎鸡粉2克◎芝士粉适量

制作方法 🍲

1 将炒锅置于火炉上，倒入适量黄油。

2 放入少许酱豆干粒、胡萝卜粒、心里美萝卜粒、彩椒粒、圆椒粒。

3 撒入盐、鸡粉，炒1分钟至食材入味，装入碗中。

4 将炒好的食材倒入备好的南瓜盅内，撒入适量芝士粉，备用。

5 将南瓜盅放入烤盘。

6 将烤箱温度调成上火220℃、下火220℃。

7 把烤盘放入烤箱中，烤8分钟至熟。

8 从烤箱中取出烤盘，将南瓜盅放在备好的盘中即可。

🍲 **烤·功·秘·籍**

　　南瓜最好不要去皮，这样烤完后才能保持硬度，不易变形。

烤土豆条

烤制时间：5分钟　　口味：辣

原料准备

去皮土豆180克◎干辣椒10克◎葱段、花椒各少许

调料

盐、鸡粉各1克◎孜然粉5克◎生抽5毫升◎食用油适量

制作方法

1 洗好的土豆切片，切成条。

2 用油起锅，倒入花椒、干辣椒、葱段爆香，倒入土豆炒匀，加生抽、盐、鸡粉、孜然粉、清水，炒约2分钟。

3 将炒好的土豆装入烤盘中，备好烤箱，放入烤盘。

4 上、下火调至200℃，选择"单管发热"烤5分钟即可。

原料准备 🍠

红薯210克

制作方法 🍲

1 备好烤箱，取出烤盘，放上清洗干净的红薯。

2 打开箱门，将烤盘放入烤箱中。

3 关好箱门，将上火温度调至200℃，选择"双管发热"功能，再将下火温度调至180℃，烤1小时至熟软。

4 打开箱门，取出烤盘，将烤好的红薯装盘即可。

烤箱版烤红薯

烤制时间：60分钟 口味：淡

烤金针菇

烤制时间：15分钟　　口味：咸

原料准备
金针菇100克◎蒜末、葱花、红椒圈各少许

调料
盐2克◎孜然粉5克◎生抽5毫升◎蚝油、食用
油各适量

制作方法

1 洗净的金针菇切去根部，再用手掰散。

2 取一碗，放入金针菇、葱花、蒜末，加入
　盐、生抽、蚝油、食用油、孜然粉。

3 用筷子搅拌均匀，待用。

4 烤盘中铺上锡纸，刷上食用油，放入金针
　菇，铺匀。

5 取烤箱，放入烤盘。

6 关好箱门，将上火温度调至150℃，选择
　"双管发热"功能，再将下火温度调至
　150℃，烤15分钟至金针菇熟。

7 打开箱门，取出烤盘。

8 将烤好的金针菇放入盘中，撒上备好的红
　椒圈即可。

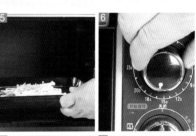

 烤·功·秘·籍

可添加少许肉末与金针菇一起烤制。

烤杏鲍菇

烤制时间：10分钟　口味：咸

原料准备 🥢
杏鲍菇130克

调料 🧂
盐2克◎生抽5毫升◎食用油适量◎
烧烤料15克

制作方法 🔥

1. 洗净的杏鲍菇切片。
2. 取一碗，放入杏鲍菇片，加入烧烤料、食用油、盐、生抽，用筷子搅拌均匀，待用。
3. 烤盘中刷上一层食用油，放入杏鲍菇片。
4. 取烤箱，放入烤盘。
5. 关好箱门，将上火温度调至180℃，选择"双管发热"功能，再将下火温度调至180℃，烤10分钟至杏鲍菇熟。
6. 打开箱门，取出烤盘，将烤好的杏鲍菇放入盘中即可。

🍲 烤·功·秘·籍

　　杏鲍菇可切得稍薄一点，这样容易烤熟，烘烤的时候如果烤箱火力猛，建议把杏鲍菇放在火力相对较小的底层烤制。

原料准备 🥬

口蘑260克

调料 🧂

盐、黑胡椒粉各少许

制作方法 🍳

1 将洗净的口蘑摘去菌柄，放入烤盘中，摆放整齐。

2 推入预热好的烤箱。

3 关好箱门，调上火温度为180℃，选择"双管发热"功能，再调下火温度为180℃，烤约15分钟，至食材熟透。

4 断电后打开箱门，取出烤盘，稍微冷却后将菜肴盛入盘中，撒上少许盐、黑胡椒粉即成。

烤口蘑

烤制时间：15分钟　口味：淡

肉禽蛋类
Meat, poultry
and eggs

圆椒镶肉

烤制时间：30分钟　　口味：鲜

原料准备

圆椒2个◎培根末50克◎胡萝卜末、洋葱末、
西芹末各20克

调料

鸡粉、盐各3克◎橄榄油10毫升

制作方法

1 将胡萝卜末、洋葱末、西芹末倒入培根末
　中，加入适量盐、鸡粉，搅拌均匀。

2 淋入适量橄榄油，拌匀，腌渍5分钟至其入
　味，备用。

3 将洗净的圆椒尾部切平，但不切破，去
　蒂，去籽，待用。

4 在圆椒上撒适量盐。

5 依次将腌好的培根馅倒入挖空的圆椒中，
　并压实。

6 把圆椒放入铺有锡纸的烤盘中。

7 将烤箱温度调成上火250℃、下火250℃，
　把烤盘放入烤箱中，烤30分钟至熟。

8 从烤箱中取出烤盘即可。

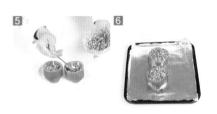

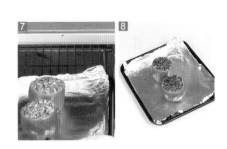

🍲 **烤·功·秘·籍**

　　圆椒去蒂之后，用手将圆椒轻轻捏挤，可以轻松地将
籽去掉。

香烤五花肉

烤制时间：30分钟　　口味：咸

原料准备

熟五花肉180克◎去皮土豆160克◎葱花少许

调料

盐、鸡粉各1克◎胡椒粉2克◎蚝油5克◎老抽3毫升◎生抽5毫升◎韩式辣椒酱30克◎蜂蜜20克

制作方法 🍳

1 洗净土豆切片；碗中倒入葱花、蜂蜜、韩式辣椒酱。

2 再将其余的调料倒入碗中，搅拌均匀，制成调味汁。

3 熟五花肉装盘，表面刷上调味汁。

4 备好烤箱，取出烤盘，铺上锡纸。

5 放上土豆片、五花肉。

6 打开箱门，将烤盘放入烤箱中，关好箱门。

7 上下火调至200℃，调"双管发热"烤15分钟。

8 打开箱门，取出烤盘。

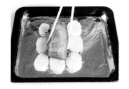

9 将五花肉翻面。

10 再将烤盘放入烤箱中。

11 关好箱门，烤15分钟至熟透入味。

12 打开箱门，取出烤盘。

13 将烤好的五花肉切成片。

14 将烤好的土豆片摆入盘中，放上切好的五花肉即可。

🍲 烤·功·秘·籍

　　制作调味汁的调料可适量增加，将五花肉泡入其中，腌渍约20分钟，这样会更入味；烤制温度和时间，可根据五花肉的大小和自家烤箱性能适当调整。

烤五花肉

烤制时间：25分钟　口味：咸

原料准备

五花肉170克

调料

老抽3毫升◎料酒5毫升◎食用油适量◎叉烧酱40克

制作方法

1 洗净的五花肉去猪皮，切小块。

2 五花肉装碗，倒入叉烧酱拌匀，加入老抽、料酒，拌匀，腌渍10分钟。

3 备好烤箱，取出烤盘，放上锡纸，刷上食用油，放上腌好的五花肉。

4 将烤盘放入烤箱中。

5 关好箱门，将上火温度调至200℃，选择"双管发热"功能，再将下火温度调至200℃，烤25分钟至五花肉熟透。

6 打开箱门，取出烤盘，将烤好的五花肉装盘即可。

金针菇培根卷

烤制时间：10分钟　口味：鲜

原料准备

金针菇120克◎培根85克◎香菜碎少许

调料

盐、黑胡椒粉各少许◎食用油适量

制作方法

1 将洗净的金针菇切去根部，再切长段；备好的培根切段，待用。

2 取切好的培根，铺平，放上少许切好的金针菇。

3 包紧，再用牙签固定，制成数个金针菇培根卷生坯，待用。

4 烤盘中铺好锡纸，刷上适量油，再放入生坯，摆好，撒上少许盐、黑胡椒粉，抹上适量油。

5 推入预热好的烤箱中，关好箱门，将上火温度调为180℃，选择"双管发热"功能，再将下火温度调为180℃，烤约10分钟。

6 取出烤盘，将烤好的菜肴装在盘中，点缀上少许香菜碎即成。

烤·功·秘·籍

从冰箱取出培根后自然解冻，烤熟后口感才好；如果觉得味道不够丰富，也可以稍微加一小勺陈醋调味。

蜜汁烤猪蹄

烤制时间：10分钟　口味：辣

原料准备
熟猪蹄300克◎熟白芝麻适量

调料
黑胡椒粉、孜然粉各少许◎食用油适量◎蜂蜜15克◎辣椒粉10克

制作方法

1 将备好的熟猪蹄切小块。

2 把切好的猪蹄装在烤盘中，均匀地刷上食用油，抹上蜂蜜。

3 撒上少许黑胡椒粉、辣椒粉，放入适量熟白芝麻、少许孜然粉，拌匀。

4 推入预热的烤箱。

5 关好箱门，调上火温度为180℃，选择"双管发热"功能，再调下火温度为180℃，烤约10分钟，至食材入味。

6 断电后打开箱门，取出烤盘，稍微冷却后盛入盘中，摆好盘即可。

烤箱牛肉

烤制时间：15分钟　口味：鲜

原料准备

牛肉120克◎洋葱80克
◎姜片少许

调料

盐、鸡粉、胡椒粉各1克
◎料酒、生抽、食用油
各5毫升

制作方法

1 洗好的洋葱切丝；洗净的牛肉切片。

2 牛肉片装碗，倒入少许姜片、洋葱丝，加入盐、鸡粉、料酒、胡椒粉、食用油、生抽，拌匀，腌渍10分钟至入味。

3 锡纸盒放烤盘上，倒入牛肉，放入烤箱，上火调至200℃，选择"双管发热"，下火调至200℃。

4 烤15分钟至牛肉熟透，取出烤盘即可。

烤·功·秘·籍

　　牛肉切片后可用牙签戳几个小洞，帮助其更快腌渍入味；用生的绿叶菜裹着烤牛肉吃，能解腻、保护肠胃。

牛肉酿香菇

烤制时间：10分钟 口味：鲜

原料准备

牛肉末50克◎洋葱末、胡萝卜末、西芹末各20克◎香菇100克

调料

生抽5毫升◎生粉、盐、烧烤粉各3克◎鸡粉少许◎黑胡椒碎适量◎橄榄油8毫升

制作方法

1 将牛肉末放入容器中，倒入适量生抽，拌匀，放入胡萝卜末、洋葱末、西芹末。

2 撒入盐、鸡粉、生粉，淋入橄榄油，撒入黑胡椒碎拌匀，腌渍10分钟。

3 在洗净的香菇上撒盐，淋入橄榄油，拌匀，撒上烧烤粉拌匀，腌渍5分钟。

4 将腌好的香菇放入铺有锡纸的烤盘上，把腌好的牛肉馅放在香菇上。

5 烤箱温度调成上、下火均为230℃。

6 放入烤盘烤10分钟，取出装盘即可。

法式烤羊柳

烤制时间：25分钟　　口味：鲜

原料准备

羊柳200克

调料

蒙特利调料10克◎
法式黄芥末调味酱
10克◎鸡粉、白胡
椒各3克◎黑胡椒粒
5克◎橄榄油10毫升
◎食用油适量

制作方法

1　将羊柳切成长块，装入盘中。

2　放入法式黄芥末调味酱，撒入鸡粉、白胡椒、蒙特利调
　　料、黑胡椒粒，抹匀，倒入适量橄榄油，腌渍1小时。

3　在铺有锡纸的烤盘上，刷上适量食用油，放上羊柳。

4　烤箱温度调成上、下火250℃，放入烤盘烤25分钟即可。

新疆羊肉串

烤制时间: 12分钟　　口味: 辣

原料准备 🥄
羊肉丁180克◎洋葱粒30克◎白芝麻20克

调料 🥄
盐3克◎孜然粉少许◎料酒4毫升◎食用油适量
◎辣椒粉15克◎孜然粒12克

制作方法 🍳

1 把羊肉丁装在碗中, 倒入洋葱粒, 搅散,
  放入部分孜然粒和白芝麻, 拌匀。

2 淋上料酒, 加入盐、孜然粉、辣椒粉, 注
  入少许食用油, 拌匀, 腌渍片刻, 待用。

3 取数支竹扦, 穿上腌好的羊肉丁, 制成数
  串羊肉串生坯, 待用。

4 烤盘中铺好锡纸, 刷上适量食用油, 放上
  生坯。

5 在生坯上涂上适量食用油, 撒上余下的孜
  然粒和白芝麻。

6 推入预热好的烤箱中。

7 关好箱门, 将上、下火调为200℃, 选择
  "双管发热"功能, 烤12分钟, 取出烤盘
  即成。

🍗 烤·功·秘·籍

羊肉丁的个头要大小均匀, 成品才美观诱人。

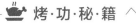

千层鸡肉

烤制时间：30分钟　　口味：咸

原料准备

去皮土豆185克◎鸡胸肉220克◎洋葱95克
◎奶酪碎65克

调料

盐、鸡粉各1克◎胡椒粉4克◎生抽、料酒、
水淀粉各5毫升◎食用油适量

制作方法

1 洗好的洋葱、土豆切丝。

2 洗好的鸡胸肉切片，装碗，加入盐、鸡
　粉、料酒、胡椒粉、生抽、水淀粉、食
　用油拌匀，腌渍10分钟。

3 取出烤盘，刷上适量食用油。

4 倒入切好的洋葱和适量土豆，铺匀。

5 放上适量腌好的鸡肉片。

6 倒入适量奶酪碎。

7 放上剩余的土豆丝。

8 再铺上一层剩余的鸡肉片。

9 铺上剩余的奶酪碎，将烤盘放入烤箱。

10 关好箱门，将上火温度调至200℃，选择
　 "双管发热"功能，再将下火温度调至
　 200℃，烤30分钟至鸡肉熟透。

11 打开箱门，取出烤盘。

12 将烤好的千层鸡肉切块，将切块的鸡肉
　 装盘即可。

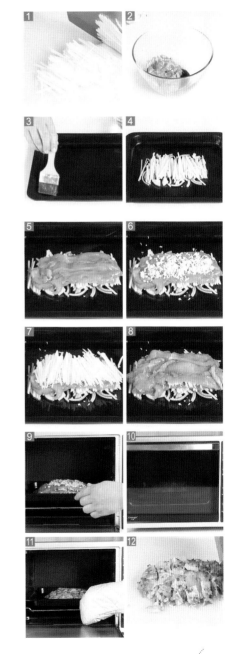

鸡肉卷

烤制时间：25分钟　　口味：鲜

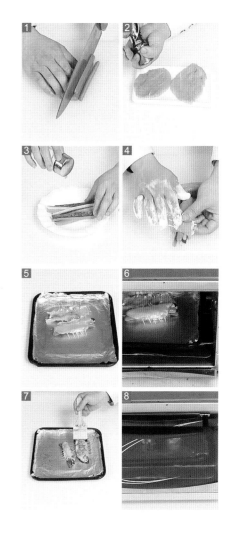

原料准备

火腿肠2根◎黄瓜100克◎鸡胸肉250克

调料

橄榄油5毫升◎白胡椒粉、鸡粉各5克◎黑胡椒碎、盐各3克◎生抽3毫升◎生粉少许◎食用油适量

制作方法

1 洗净黄瓜去籽，切细长条；火腿切成4瓣。

2 洗净的鸡胸肉切薄片，不切断，装盘，撒上盐、白胡椒粉、黑胡椒碎、鸡粉腌渍。

3 在黄瓜、火腿上撒适量盐、鸡粉抹匀，淋入适量橄榄油，拌匀，腌渍10分钟。

4 黄瓜、火腿放在鸡胸肉上，卷起，用牙签固定成鸡肉卷，用少许生粉将两端粘住。

5 锡纸上刷食用油，放上鸡肉卷。

6 把烤箱温度调成上火250℃、下火250℃，放入烤盘，烤10分钟。

7 取出烤盘，在鸡肉卷上刷生抽、食用油。

8 将烤盘放入烤箱，续烤15分钟即可。

烤·功·秘·籍

腌渍鸡肉时可以加入适量生粉，能使其口感更嫩。

烤箱鸡翅

烤制时间：25分钟　　口味：辣

原料准备

鸡中翅190克◎干辣椒10克

调料

盐、鸡粉各1克◎胡椒粉2克◎料酒、生抽各5毫升◎老抽3毫升◎食用油适量◎蜂蜜20克

制作方法 🍲

❶ 洗净的鸡中翅切上"一"字刀，装碗，倒入干辣椒。

❷ 加入盐、鸡粉、料酒、生抽、胡椒粉、老抽。

❸ 拌匀，腌渍20分钟至入味。

❹ 备好烤箱，取出烤盘，刷入食用油，放上鸡中翅。

❺ 打开箱门，放入烤盘，上、下火温度调至200℃。

❻ 选择"双管发热"功能，烤15分钟至七八成熟。

❼ 打开箱门，取出烤盘。

❽ 将鸡翅均匀地刷上适量蜂蜜，再放入烤箱中。

❾ 关好箱门，烤5分钟至九成熟。

❿ 打开箱门，取出烤盘。

⓫ 将鸡翅翻面，刷上剩余的蜂蜜。

⓬ 最后一次将烤盘放入烤箱中。

⓭ 关好箱门，烤5分钟至熟透入味。

⓮ 打开箱门，取出烤盘，将烤好的鸡翅装盘即可。

🍲 烤·功·秘·籍

　　不喜欢吃辣口味的话，可以不加入干辣椒；如果有烤肉酱，也可加入，味道更佳，但因为烤肉酱中有蜂蜜，所以要适量减少蜂蜜的用量。

奥尔良烤翅

烤制时间：25分钟　口味：甜

原料准备 🥄

鸡中翅175克◎生菜70克

调料 🥄

奥尔良粉35克◎蜂蜜20克

制作方法 🍳

1　洗净的鸡中翅剪口，装碗，倒入奥尔良粉、清水拌匀，腌渍5小时。

2　烤盘刷上蜂蜜，放上鸡翅，入烤箱。

3　关好箱门，将上火温度调至180℃，选择"双管发热"功能，再将下火温度调至180℃，烤15分钟至七八成熟。

4　取出，刷上蜂蜜，再入烤箱烤5分钟。

5　打开箱门，取出烤盘，将鸡翅翻面，刷上剩余的蜂蜜，再放入烤箱中。

6　烤5分钟取出，取一个空盘，摆放好洗净的生菜，放上烤好的鸡翅即可。

烤箱版鸡米花

烤制时间：10分钟　　口味：鲜

原料准备
鸡蛋液50克◎面包糠90克◎鸡脯肉180克

调料
盐、鸡粉各1克◎料酒5毫升◎生粉65克

制作方法

1 洗净的鸡脯肉切成块。

2 鸡肉块装碗，加入盐、鸡粉、料酒，倒入适量鸡蛋液，拌匀，腌渍10分钟至入味。

3 将腌好的鸡肉块均匀地粘上生粉，粘匀鸡蛋液，裹匀面包糠。

4 备好烤箱，取出烤盘，放入裹好材料的鸡肉块。

5 将烤盘放入烤箱。

6 上火温度调至230℃，功能选择"双管发热"，下火温度调至215℃，烤10分钟至鸡米花熟透，取出烤盘，将鸡米花装盘即可。

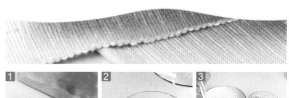

烤·功·秘·籍

鸡肉可切成自己喜欢的大小；鸡肉腌渍的时间最长不要超过1个小时，否则烤出的成品味道不佳。

原料准备

鸭肉250克◎柠檬50克◎橙子肉45克◎蒜末少许

调料

盐2克◎鸡粉、五香粉、蜂蜜各少许◎料酒3毫升◎生抽5毫升◎食用油适量◎腐乳汁25毫升◎海鲜酱20克

香橙烤鸭肉

烤制时间：20分钟　口味：鲜

制作方法

1　将备好的橙子肉切片，待用。

2　洗净的鸭肉装碗，加蒜末、腐乳汁、海鲜酱、盐、鸡粉、生抽、料酒、五香粉，挤上柠檬汁，拌匀腌渍。

3　烤盘中铺好锡纸，刷上食用油，倒入鸭肉摆放好，推入预热好的烤箱中。

4　关好箱门，将上火温度调为200℃，选择"双管发热"功能，再将下火温度调为200℃，烤约15分钟。

5　取出烤盘，在鸭肉上切几处花刀，夹入橙子片，均匀地刷上少许蜂蜜。

6　再次入烤箱，烤5分钟即成。

西红柿双椒烤蛋

烤制时间：10分钟　　口味：鲜

原料准备 🥢

西红柿130克◎青椒25克◎红椒40克◎洋葱35克◎鸡蛋2个◎蒜片少许

调料 🥄

盐2克◎鸡粉、胡椒粉各少许◎食用油适量

制作方法 🍳

1　洗净青椒、红椒、西红柿，切丁；洋葱切丝。

2　用油起锅，撒上少许蒜片，爆香，倒入洋葱丝，炒匀。

3　放入青椒丁，炒香，倒入红椒丁，炒匀，放入西红柿，炒匀。

4　注入清水略煮，加盐、鸡粉、胡椒粉，炒至食材熟软关火。

5　烤盘中铺好锡纸，盛入锅中的食材，分成两垛，打入鸡蛋。

6　推入预热好的烤箱中，关好箱门，将上火温度调为200℃，选择"双管发热"功能，将下火温度调为200℃，烤10分钟即成。

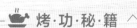

🍲 **烤·功·秘·籍**

食材尽量切小块或者切薄，这样才容易烤透，烤制时间也会大大缩短。

水产类

Aquatic products

锡烤福寿鱼

烤制时间：30分钟　　口味：鲜

原料准备
福寿鱼1条，葱花少许

调料
白胡椒粉、烧烤粉、辣椒粉各5克◎盐、孜然
粒各3克◎芝麻油、辣椒油、烧烤汁各5毫升

制作方法

1　将处理干净的福寿鱼切"一"字刀，装入
　　盘中，备用。

2　在鱼身两面撒上盐、白胡椒粉、烧烤粉、
　　辣椒粉，淋入适量芝麻油、辣椒油、烧烤
　　汁，抹匀。

3　再撒入孜然粒，抹匀，腌渍30分钟，至其
　　入味。

4　把腌好的福寿鱼放在铺有锡纸的烤盘上。

5　将烤箱温度调成上火250℃、下火250℃。

6　放入烤盘，烤15分钟，取出烤盘。

7　把福寿鱼翻面，再放入烤箱，续烤15分钟
　　至熟，取出烤盘，将烤好的福寿鱼装入盘
　　中，撒上葱花即可。

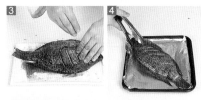

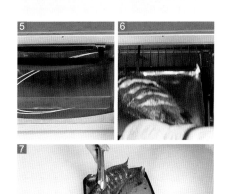

烤·功·秘·籍

　　将福寿鱼放入水中，加适量黄酒浸泡一会儿，能去除其
腥味。

烤鲫鱼

烤制时间：35分钟　　口味：辣

原料准备 🦐
鲫鱼320克◎姜片20克◎干辣椒15克◎
葱花少许

调料 🥄
盐1克◎胡椒粉4克◎料酒5毫升◎食用
油适量

制作方法

1 洗净的鲫鱼装盘，放上姜片和干辣椒。

2 往鱼身两面淋入料酒，撒上盐和适量胡椒粉。

3 抹匀，腌渍10分钟至入味。

4 备好烤箱，取出烤盘，放上腌好的鲫鱼。

5 往鱼身两面刷上适量食用油。

6 将烤盘放入烤箱中，将上火温度调至200℃。

7 选择"双管发热"，下火调至200℃烤20分钟。

8 打开箱门，取出烤盘。

9 鲫鱼翻面，将烤盘放入烤箱中。

10 关好箱门，烤10分钟至八九成熟。

11 取出，刷食用油，放上葱花，撒上适量胡椒粉。

12 最后一次将烤盘放入烤箱中。

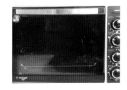

13 关好箱门，继续烤5分钟。

14 打开箱门，取出烤盘，将烤好的鲫鱼装盘即可。

烤·功·秘·籍

可用芝麻油代替食用油，烤出来的鲫鱼会更香；也可以用锡纸包起来烤，这样鲫鱼不会被烤干，口感更佳。

烤秋刀鱼

烤制时间：15分钟　　口味：辣

原料准备

秋刀鱼165克

调料

盐1克◎孜然粉、胡椒粉各3克◎辣椒粉40克◎食用油适量

制作方法

1 洗净的秋刀鱼两面切上"一"字花刀。

2 烤盘刷上食用油，放上秋刀鱼，往鱼身刷上食用油。

3 两面各撒上盐、孜然粉、辣椒粉、胡椒粉，放入烤箱。

4 关好箱门，将上火温度调至200℃，选择"双管发热"功能，再将下火温度调至200℃，烤15分钟取出即可。

烤鱿鱼须

烤制时间：20分钟　　口味：辣

原料准备

鱿鱼须200克◎洋葱35克◎西芹55克◎彩椒60克◎姜末、蒜末各少许

调料

盐2克◎花椒粉、白胡椒粉、孜然粉各少许◎辣椒粉6克◎料酒4毫升◎食用油适量

制作方法

1 洗净的鱿鱼须、西芹切段；洗好的彩椒、洋葱切丝。

2 鱿鱼须装入碗中，撒上姜末、蒜末，加入盐、少许花椒粉。

3 放入辣椒粉、白胡椒粉、孜然粉，淋上料酒，拌匀，腌渍。

4 烤盘中铺好锡纸，刷上适量油，倒入洋葱、西芹和彩椒，铺平。

5 放入腌渍好的材料，铺开、摊匀，推入预热好的烤箱中。

6 关好箱门，将上火温度调为200℃，选择"双管发热"功能，再将下火温度调为200℃，烤约20分钟，取出即成。

烤·功·秘·籍

腌鱿鱼须时多用一些料酒，能有效去除腥味；烤制过程中鱿鱼须会出水，不用特意把水倒掉，否则容易烤煳。

蔬菜鱿鱼卷

烤制时间：15分钟　　口味：鲜

原料准备 🥢
鱿鱼2条◎西芹20克◎黄瓜、胡萝卜各
100克

调料 🥄
烧烤汁10毫升◎海鲜酱、烧烤粉各5克
◎盐3克◎食用油适量

制作方法

 1 洗净的胡萝卜削去表皮。

 2 西芹削皮。

 3 将西芹、胡萝卜、黄瓜切成细长条，装入盘中。

 4 撒上盐、烧烤粉，倒入食用油拌匀，腌渍5分钟。

 5 将海鲜酱倒入鱿鱼筒中，并撒入少许盐。

 6 将腌好的胡萝卜条、西芹条、黄瓜条塞入鱿鱼筒中。

 7 用牙签横向穿过鱿鱼。

 8 在烤盘上铺锡纸，将鱿鱼放在锡纸上。

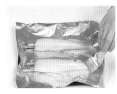 9 鱿鱼表面刷上少许食用油。

 10 放入烤箱，温度为上下火180℃，烤10分钟。

 11 取出烤盘，刷上适量烧烤汁。

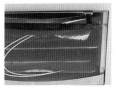 12 再次把烤盘放入烤箱中，继续烤5分钟。

 13 从烤箱中取出烤盘，将鱿鱼放在盘中，去除牙签。

 14 将鱿鱼切成圈，装入盘中即可。

烤·功·秘·籍

将蔬菜条切得粗细均匀，这样更容易熟透；腌渍过程中将蔬菜翻转几次，可使做出的成品更加入味。

香草黄油烤明虾

烤制时间：15分钟　　口味：鲜

原料准备

明虾100克◎蒜蓉、迷迭香各5克◎熔化的黄油15克◎茴香草末适量

调料

盐、白胡椒粉各3克◎柠檬汁适量

制作方法

1 将洗净的明虾切去虾须、虾脚、虾箭，切开虾背，去除虾线，斩开头部，但不切断，装盘待用。

2 在虾肉上撒适量盐、白胡椒粉，拌匀，滴适量柠檬汁，腌渍5分钟至入味。

3 把迷迭香、蒜蓉、茴香草末、盐倒入熔化的黄油中，拌匀，待用。

4 将烤箱温度调成上火220℃、下火220℃。

5 把腌好的明虾放入铺有锡纸的烤盘中。

6 放入烤箱，烤10分钟至虾肉呈金黄色。

7 取出，在虾肉上抹上拌好的黄油酱。

8 再将烤盘放入烤箱，继续烤5分钟至熟，从烤箱中取出烤盘，将烤好的明虾装入盘中即可。

 烤·功·秘·籍

可用刀背轻轻拍打虾肉，以便更入味。

烤·功·秘·籍

　　调味酱要尽量放在切开的虾背上，以便烤制入味；不需
要用老抽，否则会影响成品的颜色。

蒜蓉迷迭香烤虾

烤制时间：15分钟　　口味：鲜

原料准备

虾120克◎迷迭香35克◎蒜蓉45克

调料

盐1克◎黑胡椒粉5克◎料酒5毫升◎食用油
适量

制作方法

1 洗净的虾用剪刀在背部剪开，然后取出
　　虾线。

2 取一个空碗，倒入蒜蓉。

3 放入迷迭香。

4 加盐、黑胡椒粉、料酒、适量食用油。

5 拌匀，制成调味酱。

6 备好烤箱，取出烤盘，放上锡纸。

7 刷上适量食用油。

8 放上已去除虾线的虾。

9 均匀放入调味酱。

10 将烤盘放入烤箱中。

11 关好箱门，将上火温度调至200℃，选择
　　"双管发热"功能，再将下火温度调至
　　200℃，烤15分钟至虾熟透。

12 打开箱门，取出烤盘，将烤好的虾装盘
　　即可。

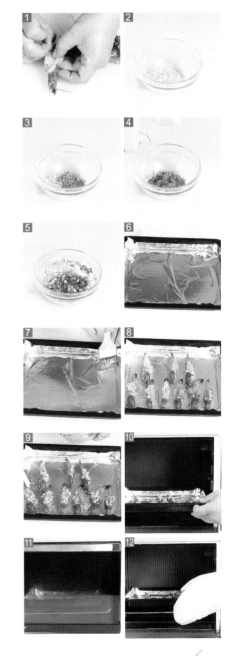

椒盐烤虾

烤制时间：15分钟　口味：辣

原料准备
对虾140克

调料
盐2克◎椒盐粉少许◎辣椒粉6克◎食用油适量

制作方法

1 洗净的对虾剪去虾须，取出虾线。

2 将对虾串成串，放在盘中，刷上食用油，撒上盐、椒盐粉、辣椒粉，腌渍一会儿，待用。

3 烤盘中铺好锡纸，刷上适量食用油，放入腌渍好的对虾。

4 推入预热好的烤箱中。

5 关好箱门，将上火温度调为200℃，选择"双管发热"功能，再将下火温度调为200℃，烤约15分钟。

6 取出烤盘，将烤好的菜肴装盘即成。

香辣蟹柳

烤制时间：5分钟 口味：辣

原料准备 🦀

蟹柳150克

调料 🥄

辣椒粉、烧烤粉各5克
◎盐少许◎孜然粉适量
◎食用油、辣椒油各5
毫升

制作方法 🍳

1 将蟹柳放入铺有锡纸的烤盘中。

2 蟹柳上刷食用油，撒盐、辣椒粉、烧烤粉、孜然粉。

3 再刷上少量辣椒油。

4 将烤箱温度调成上火220℃、下火220℃，放入烤盘，
   烤5分钟至熟，从烤箱中取出烤盘，将烤好的蟹柳装入
   盘中即可。

烤·功·秘·籍

蟹柳本身有味道，可适量少放调料；如果没有烧烤粉可
以用胡椒粉或五香粉代替，口感也很好。

葡式烤青口

烤制时间：8分钟　　口味：鲜

原料准备

青口6个◎蛋黄1个◎
黄油适量

调料

白醋5毫升◎盐、白
胡椒粉、鸡粉各3克
◎青柠檬汁、橄榄油
各适量

制作方法

1 蛋黄加白醋、黄油、盐、白胡椒粉、橄榄油拌成葡式酱。

2 青口取肉装碗，加盐、白胡椒粉、鸡粉，挤入青柠檬汁
　拌匀腌渍。

3 青口壳摆在烤盘上，依次放入青口肉，倒入葡式酱。

4 烤箱调成上、下火250℃，烤盘入烤箱烤8分钟即可。

烤文蛤

烤制时间：15分钟　　口味：辣

原料准备

净文蛤300克◎蒜末30克◎葱花少许

调料

盐2克◎食用油适量◎辣椒粉少许

制作方法

1　把辣椒粉装入小碗中，撒上蒜末，加入盐，淋上食用油，拌匀，调成味汁，待用。

2　将处理干净的文蛤倒在烤盘上，摊开。

3　推入预热的烤箱中。

4　关好箱门，调上火温度为180℃，选择"双管发热"功能，再调下火温度为180℃，烤约10分钟，至食材断生，打开箱门，取出烤盘，刷上味汁。

5　再次推入烤箱中，关好箱门，烤约5分钟，至食材入味。

6　断电后打开箱门，取出，撒上少许葱花即成。

烤·功·秘·籍

不开口的文蛤有可能是死的，最好不要食用；刷味汁前可在肉上划几处刀口，烤的时候更易入味。

烤扇贝

烤制时间：15分钟　口味：鲜

原料准备

扇贝160克◎奶酪碎65克◎蒜末少许

调料

盐1克◎料酒5毫升◎食用油适量

制作方法

1. 洗净的扇贝肉上撒入盐，淋入料酒，加上奶酪碎、蒜末，淋入食用油。

2. 备好烤箱，取出烤盘，放上扇贝。

3. 将烤盘放入烤箱。

4. 关好箱门，将上火温度调至200℃，选择"双管发热"功能，再将下火温度调至200℃，烤15分钟至扇贝熟透，打开箱门，取出烤盘，将烤好的扇贝装盘即可。

烤生蚝

烤制时间：25分钟　　口味：鲜

原料准备

净生蚝400克◎蒜末、葱花各少许

调料

盐2克◎鸡粉、白胡椒粉各少许◎
食用油适量

制作方法

1 用油起锅，撒上蒜末，爆香，倒
　入葱花，炒匀，加入盐、鸡粉，
　撒上白胡椒粉，炒匀炒香。

2 关火后盛出，装在碟中，制成味
　汁，待用。

3 把备好的生蚝装在烤盘中，推入
　预热的烤箱中。

4 关好箱门，调上火温度为
　220℃，选择"双管发热"功
　能，再调下火温度为220℃，烤
　约15分钟，至食材断生。

5 取出烤盘，浇入调好的味汁。

6 再次推入烤箱中，关好箱门，烤
　约10分钟，断电后打开箱门，
　取出烤盘即成。

 烤·功·秘·籍

　　吃生蚝时最好搭配一些芥末，因为芥末具有杀菌消毒的功
效，可以防止拉肚子。

主食类

Staple food

西红柿鸡肉浓情饭

烤制时间：15分钟　　口味：淡

原料准备 🥗

鸡胸肉70克◎冷米饭160克◎胡萝卜50克◎
土豆100克◎红椒35克◎青椒30克◎西红柿
120克◎洋葱60克

调料 🧂

盐3克◎鸡粉2克◎料酒3毫升◎生抽4毫升
◎番茄酱25克◎水淀粉、食用油、芝士粉各
适量

制作方法 🍳

1 洗净去皮的土豆、胡萝卜切丁；西红柿
　洗好切丁；红椒、青椒切细丝。

2 洋葱洗净切丝。

3 鸡胸肉洗净切丝。

4 把鸡肉丝装入碗中，加入少许盐、鸡
　粉，淋入料酒。

5 倒入水淀粉、食用油拌匀，腌渍。

6 用油起锅，倒入鸡肉丝炒至转色，放入
　土豆丁，炒匀，倒入胡萝卜丁，炒透。

7 加入番茄酱炒香，倒入西红柿炒软。

8 倒入洋葱丝，炒散，淋上生抽，炒匀。

9 注入清水，加盐、鸡粉调味，关火。

10 锡纸刷上食用油，倒入冷米饭，铺开。

11 盛入锅中的材料，撒上适量芝士粉，放
　　入青、红椒丝，推入预热好的烤箱中。

12 将上、下火温度调为200℃，选择"双管
　　发热"功能，烤15分钟即成。

西红柿海鲜饭

烤制时间：15分钟　　口味：鲜

原料准备

米饭170克◎鱿鱼85克◎煮熟的蛤蜊120
克◎虾仁80克◎西红柿110克◎奶酪碎
25克◎蒜末少许

调料

盐、鸡粉各1克◎番茄酱40克◎食用油
适量

制作方法 🍲

1 洗净鱿鱼，切圈。

2 洗净虾仁，背部切开，取出虾线。

3 洗好的西红柿切成大小均匀的块。

4 蒜末入油锅爆香，放入虾仁、鱿鱼、蛤蜊炒香。

5 放入切好的西红柿，加入番茄酱，翻炒均匀。

6 倒入米饭，压散，翻炒约1分钟至食材微熟。

7 加入盐、鸡粉，炒匀调味。

8 关火，待用。

9 备好烤箱，取出烤盘，放上锡纸。

10 放上海鲜饭。

11 撒上奶酪碎。

12 放入烤箱，上火调至180℃，选择"单管发热"。

13 烤15分钟至海鲜饭熟软入味。

14 打开箱门，取出烤盘，将烤好的海鲜饭装碗即可。

🍲 烤·功·秘·籍

食材不宜炒制过久，翻炒均匀即可，不然经过烤制后海鲜的口感太老；可以先把调料拌入米饭当中，然后再入锅炒制，这样可以缩短翻炒时间。

原料准备 ✎

水发大米180克◎洋葱
70克◎蒜头30克

洋葱烤饭

烤制时间：30分钟　口味：淡

调料 🥄

盐少许◎食用油适量

制作方法 🍚

1 将洗净的洋葱切小块；蒜头切开。

2 用油起锅，倒入蒜头爆香，放入洋葱块炒软，倒入洗净的大米炒香。

3 关火后盛出，装在烤盘中。

4 加入适量清水，搅匀，使米粒散开，撒上盐，搅匀，推入预热的烤箱中。

5 关好箱门，调上火温度为180℃，选择"双管发热"功能，再调下火温度为180℃，烤约30分钟，至食材熟透。

6 断电后打开箱门，取出烤盘，将烤饭盛入碗中即可。

烤五彩饭团

烤制时间：5分钟　　口味：淡

原料准备

冷米饭140克◎黄彩椒丁55克◎去皮胡萝卜丁60克◎香菇丁50克◎玉米火腿丁45克◎葱花20克

调料

盐、鸡粉各1克◎食用油10毫升

制作方法

1 取一空碗，倒入冷米饭。

2 放入香菇丁、胡萝卜丁、葱花、玉米火腿丁、黄彩椒丁，将食材拌匀。

3 加入盐、鸡粉，淋入食用油，搅拌均匀。

4 取适量材料，揉搓成饭团。

5 备好烤箱，取出烤盘，放入饭团，将烤盘放入烤箱。

6 上火温度调至220℃，功能选择"双管发热"，下火温度调至220℃，烤5分钟至饭团熟透，取出烤盘，将烤好的饭团装盘即可。

烤·功·秘·籍

可以加入适量胡椒粉，烤出的饭团味道会更香；烤盘底可均匀地抹上橄榄油，这样能够防止饭团粘在上面。

烤小烧饼

烤制时间：15分钟　　口味：咸

原料准备 🌽

面粉165克◎酵母粉20克◎熟白芝麻25克◎蛋液、葱花各少许

调料 🥄

盐2克◎食用油适量

制作方法 🍖

1 将面粉、酵母粉倒在案台上，用刮板开个小洞。

2 分数次倒入清水，将材料混匀。

3 揉搓成光滑的圆面团。

4 取一大碗，放入面团，用保鲜膜封好，发酵1小时。

5 撕掉保鲜膜，取出发酵好的面团，分成两个面团。

6 取一个面团，用擀面杖擀成面皮。

7 刷上食用油，撒上盐、葱花。

8 卷成卷之后绕在一起。

9 用擀面杖擀成饼状，制成生坯。

10 烤盘中放上锡纸，刷上食用油，放入做好的生坯。

11 将生坯两面分别刷上蛋液，撒上熟白芝麻。

12 放入烤箱，上火调至180℃，选择"双管发热"。

13 再将下火温度调至180℃，烤15分钟至烧饼熟。

14 取出烤盘，将烤好的小烧饼装入盘中即可。

🍗 烤·功·秘·籍

面团中加入芝麻和面，这样烤出来的烧饼更香；可以在生坯上刻上自己喜欢的花纹，这样烤出的成品会更加美观。

原料准备 🥜

馒头230克

调料 🥄

盐、孜然粉各2克 ◎ 食用油适量

孜然烤馒头片

烤制时间：20分钟　口味：淡

制作方法 🍲

1　馒头切厚片。

2　烤盘铺上锡纸，放上馒头片，刷上食用油，撒上盐、孜然粉，放入烤箱。

3　关好箱门，将上火温度调至180℃，选择"双管发热"功能，再将下火温度调至180℃，烤15分钟。

4　打开箱门，取出烤盘，将馒头片翻过来，刷上食用油，撒上盐、孜然粉。

5　放入烤箱。

6　关好箱门，续烤5分钟至馒头片熟透入味，打开箱门，取出烤盘即可。

腐乳汁烤馒头片

烤制时间：15分钟　　口味：咸

原料准备

馒头150克◎熟白芝麻30克

调料

食用油适量◎腐乳汁60克

制作方法

1　馒头切厚片，待用。

2　烤盘铺上锡纸，放上馒头片，两面分别刷上食用油、腐乳汁，撒上熟白芝麻。

3　取烤箱，放入烤盘。

4　关好箱门，将上火温度调至180℃，选择"双管发热"功能，再将下火温度调至200℃，烤15分钟至馒头片熟。

5　打开箱门，取出烤盘。

6　将烤好的馒头片装入盘中即可。

烤·功·秘·籍

烤盘要刷油，这样烤出来的馒头片才会外酥内软，但不要刷得太多，否则容易使烤出来的馒头片过于油腻。

其他类

Other classes

烤箱版糖桂花栗子

烤制时间：30分钟　　口味：甜

原料准备 🌰
板栗240克

调料 🥫
食用油适量◎糖桂花40克◎白糖20克

制作方法 🍲

1　用刀在洗净的板栗上斩开一道口子。

2　将板栗装入烤盘，刷上食用油，待用。

3　白糖装碗，倒入少许温水，稍稍拌匀。

4　放入糖桂花。

5　搅匀至溶化，制成糖浆，待用。

6　备好烤箱，打开箱门，将放有板栗的烤盘放入烤箱中。

7　关好箱门，将上火温度调至200℃，选择"双管发热"功能，再将下火温度调至200℃，烤25分钟至七八成熟。

8　打开箱门，取出烤盘。

9　将板栗均匀刷上糖浆。

10再将烤盘放入烤箱中。

11关好箱门，烤5分钟至熟透入味。

12打开箱门，取出烤盘，将烤好的板栗装盘即可。

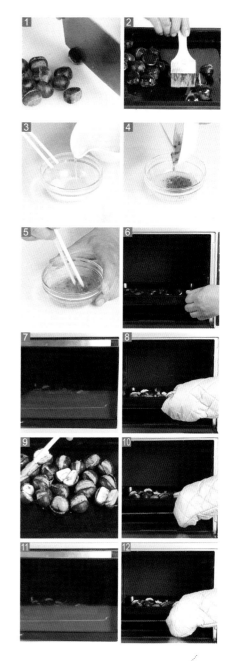

原料准备 🥜

核桃仁200克

调料 🍶

蜂蜜20克

烤蜜汁核桃

烤制时间：10分钟　口味：甜

制作方法 🍳

1 将洗净的核桃仁装在碗中，淋入蜂蜜，拌匀。

2 放入烤盘中，铺开、摊匀。

3 推入预热好的烤箱中。

4 关好箱门，调上火温度为180℃，选择"双管发热"功能，再调下火温度为180℃，烤约10分钟。

5 断电后打开箱门，取出烤盘。

6 放凉后将烤好的核桃仁盛入备好的碟子中即成。

烤箱版十三香花生

烤制时间：15分钟　口味：咸

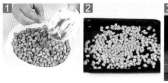

原料准备 🥜

花生仁190克 ◎十三香15克

调料 🥄

盐1克

制作方法 🍳

1 将备好的花生仁装盘，放入盐、十三香，搅拌均匀。

2 取出烤盘，放入花生仁，铺匀，将烤盘放入烤箱。

3 关上箱门，将上、下火温度均调至150℃。

4 功能选择"双管发热"，烤15分钟至花生仁熟透，取出装盘即可。

🍲 **烤·功·秘·籍**

　　花生仁记得保留外皮，烘烤后口感更香脆；烤的过程中可以打开烤箱拨动几次，这样可使花生仁受热更均匀。

蜜烤香蕉

烤制时间：10分钟　　口味：甜

原料准备 🥄

香蕉200克◎柠檬80克

调料 🥄

蜂蜜、食用油各适量

制作方法 🥄

1 香蕉去皮；洗好的柠檬对半切开。

2 用油起锅，放入香蕉。

3 煎约1分钟至两面微黄。

4 关火后夹出煎好的香蕉，放入备好的烤盘
　中，待用。

5 将香蕉全身刷上蜂蜜，挤上柠檬汁。

6 取烤箱，放入烤盘。

7 关好箱门，将上火温度调至180℃，选择
　"双管发热"功能，再将下火温度调至
　180℃，烤10分钟至香蕉熟透，取出烤盘，
　将烤好的香蕉放入盘中即可。

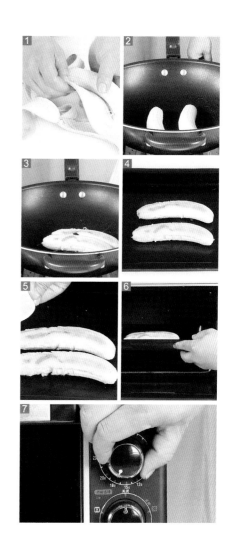

🍳 **烤·功·秘·籍**

烤的时间不宜过长，以免影响成品的美观。

烤豆腐

烤制时间：20分钟　口味：辣

原料准备 🥕

嫩豆腐300克

调料 🥄

盐2克◎花椒粉少许◎
食用油适量◎烧烤粉25
克◎辣椒粉15克

制作方法 🍲

1　将备好的嫩豆腐切厚片，改切方块。

2　把豆腐块装在盘中，两面均匀地撒上盐、烧烤料、辣椒粉和花椒粉。

3　烤盘中铺好锡纸，刷上底油，放入豆腐块。

4　推入预热好的烤箱中。

5　关好箱门，调上火温度为200℃，选择"双管发热"功能，再调下火温度为200℃，烤约20分钟，至食材熟透。

6　断电后打开箱门，取出烤盘，将菜肴盛入盘中摆好即可。

肉末烤豆腐

烤制时间：20分钟　　口味：辣

原料准备

老豆腐300克◎肉末85克◎香菇丁
40克◎青椒丁、红椒丁各30克

调料

盐少许◎鸡粉2克◎孜然粉、香辣
豆豉酱、食用油各适量

制作方法

1 洗净的豆腐切方块，再切花刀。

2 用油起锅，倒入肉末，炒至转
　色，放入香辣豆豉酱炒香，倒入
　香菇丁、青椒丁、红椒丁炒匀。

3 加盐、鸡粉炒至入味，关火后盛
　入小碗中，即成馅料，待用。

4 烤盘中铺上锡纸，刷上油，放入
　豆腐块，盛入炒好的馅料，撒上
　孜然粉，推入预热好的烤箱中。

5 关好箱门，将上火调为200℃，
　选择"双管发热"功能，再将下
　火调为200℃，烤约20分钟。

6 取出烤盘，将菜肴装盘即成。

烤·功·秘·籍

　　豆腐块放入烤盘时可撒上少许盐，烤熟后味道更佳，最
后可再淋上少许芝麻油，味道会更香。

PART

3

西点烘焙

只会用烤箱做家常菜！这绝对是对烤箱才能的埋没，除了美味家常菜，烤箱还能做出充满情调的面包、蛋糕等食品，热爱生活的您可要学会这项技能哦！

面包类

Bread

蜂蜜小面包

烤制时间：15分钟　　口味：甜

原料准备

高筋面粉500克◎黄油70克◎奶粉20克◎细砂糖100克◎盐5克◎鸡蛋1个◎水200毫升◎酵母8克◎杏仁片、蜂蜜各适量

工具

刮板、搅拌器、玻璃碗各1个◎刷子1把◎蛋糕纸杯4个◎烤箱1台◎保鲜膜1张◎电子秤1台

制作方法

1 细砂糖加水放玻璃碗中，用搅拌器搅拌至熔化成糖水；把高筋面粉、酵母、奶粉用刮板开窝，倒入糖水，混匀。

2 加入鸡蛋，将材料混合均匀，揉搓成面团，将面团稍微拉平，倒入黄油，揉匀。

3 加入适量盐，揉搓成光滑的面团，用保鲜膜将面团包好，静置10分钟。

4 用电子秤称取数个60克一个的小面团，把小面团揉搓成圆球形。

5 将小面团放入蛋糕纸杯中，放入烤盘，使其发酵90分钟，在面团上撒入杏仁片。

6 入烤箱，以上、下火190℃烤15分钟取出。

7 用刷子刷上适量蜂蜜即可。

烤·功·秘·籍

在烤好的面包上刷一层蜂蜜，可以增加面包的口感。

菠萝包

烤制时间：15分钟　　口味：甜

原料准备

高筋面粉500克◎黄油107克◎奶粉20克◎
细砂糖200克◎盐5克◎鸡蛋50克◎水215毫
升◎酵母8克◎低筋面粉125克◎食粉1克◎
臭粉（碳酸氢铵，膨化剂的一种）1克

工具

刮板、搅拌器、玻璃碗各1个◎擀面杖1
根◎刷子1把◎烤箱1台◎竹扦1根◎保
鲜膜2张◎电子秤1台

制作方法 🍲

1 将细砂糖、水倒入玻璃碗中，用搅拌器搅至熔化。

2 高筋面粉、酵母、奶粉倒案板上，用刮板开窝，倒入糖水。

3 将材料混匀，并按压成雪花片，加鸡蛋混匀，揉成面团。

4 面团稍微拉平，倒入黄油揉匀，加盐揉成光滑面团。

5 用保鲜膜包好静置后，用电子秤称取60克的小面团。

6 把小面团揉搓成圆形，放入烤盘，使其发酵90分钟。

7 低筋面粉倒案台上开窝，倒入水、细砂糖拌匀。

8 加入盐、臭粉、食粉，将材料混合均匀。

9 倒入黄油，将材料混合均匀，揉搓成纯滑的面团。

10 取一小块酥皮，用保鲜膜包好。

11 用擀面杖将酥皮擀薄，放在发酵好的面团上。

12 用刷子刷上蛋液，用竹扦划上"十"字花形，制成生坯。

13 烤箱调上、下火均为190℃，放入烤盘烤15分钟。

14 取出烤盘，将烤好的波萝包装入盘中即可。

🍲 **烤·功·秘·籍**

　　酵母一定要充分揉匀，生坯才能发酵得好；在面包表层刷上蛋液，可使烤出来的面包颜色更好看。

椰香奶酥包

烤制时间：15分钟　　口味：甜

原料准备

高筋面粉500克◎黄油70克◎奶粉20克◎细
砂糖100克◎盐5克◎鸡蛋1个◎水200毫升
◎酵母8克◎椰丝、蔓越莓酱各适量

工具

刮板、搅拌器、玻璃碗各1个◎烤箱1台◎保
鲜膜1张◎电子秤1台

制作方法

1 细砂糖、水倒入玻璃碗中，用搅拌器搅
   拌至糖分融化。

2 把高筋面粉、酵母、奶粉倒在案台上，
   用刮板开窝，倒入备好的糖水，将材料
   混合均匀，并按压成形。

3 加入鸡蛋，将材料混匀，揉搓成面团。

4 将面团稍微拉平，倒入黄油揉搓均匀。

5 加入适量盐，揉搓成光滑的面团。

6 用保鲜膜将面团包好，静置10分钟。

7 用电子秤将面团分成数个60克一个的小
   面团，把小面团揉搓成圆球形。

8 用手将小面团捏成薄片。

9 放入适量蔓越莓酱。

10 包好，并搓成圆球。

11 粘上适量椰丝，制成生坯，放入烤盘发
   酵90分钟。

12 将烤盘放入烤箱，以上火190℃、下火
   190℃烤15分钟，取出烤盘即可。

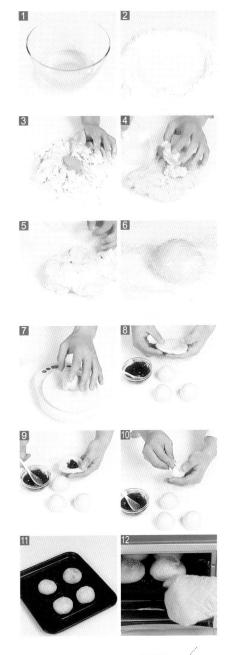

法式面包

烤制时间：15分钟　口味：甜

原料准备

高筋面粉250克◎酵母5克◎水80毫升◎鸡蛋
1个◎黄油、细砂糖各20克◎盐1克◎糖粉适量

工具

刮板1个◎擀面杖1根◎烤箱1台◎电子秤1台◎
刀片1把

制作方法

1 高筋面粉、酵母用刮板拌匀，开窝。

2 倒入鸡蛋、细砂糖、盐，拌匀，加入水，
再拌匀，放入黄油。

3 慢慢地和匀，至材料完全融合在一起，再
揉成面团。

4 用备好的电子秤称取80克左右的面团，依
次称取两个面团，将面团揉圆，取一个面
团，压扁，用擀面杖擀薄。

5 卷成橄榄形状，收紧口，装在烤盘中，依
此法制成另一个生坯，装在烤盘中。

6 发酵至两倍大，在表面用刀片斜划两刀。

7 烤箱预热，把烤盘放入中层，关好烤箱
门，以上、下火同为200℃的温度烤约15分
钟，至食材熟透。

8 取出烤盘，装盘，撒上糖粉即可。

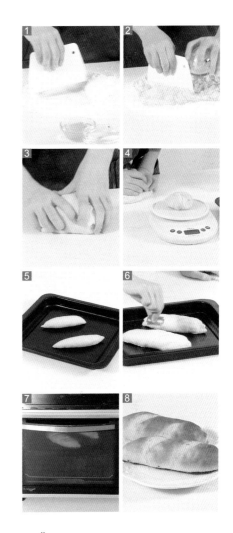

烤·功·秘·籍

　　在面包上划两刀，可起到装饰
作用，也可使面包烤得更酥脆，提
升口感。

面团想要发酵好，酵母不要太多，适中就好；在面包表层刷沙拉酱，可使肉松不易掉下。

肉松包

烤制时间：15分钟　口味：鲜

原料准备

高筋面粉500克◎黄油70克◎奶粉20克◎细
砂糖100克◎盐5克◎鸡蛋50克◎水200毫升
◎酵母8克◎肉松10克◎沙拉酱适量

工具

刮板、玻璃碗、搅拌器各1个◎擀面杖1根◎
蛋糕刀、刷子各1把◎烤箱、电子秤各1台◎
保鲜膜1张

制作方法

1 细砂糖加水倒入玻璃碗中，用搅拌器搅
   拌至糖分融化；高筋面粉、酵母、奶粉
   混匀，用刮板开窝。

2 倒入糖水混匀，加入鸡蛋混匀。

3 揉搓成面团，将面团稍微拉平，倒入黄
   油，揉搓均匀，加入盐，揉搓成面团。

4 用保鲜膜将面团包好，静置10分钟。

5 面团用电子秤分成60克一个的小面团。

6 把小面团揉搓成圆形。

7 用擀面杖将面团擀平。

8 将面团卷成卷，揉成橄榄形，放入烤
   盘，使其发酵90分钟。

9 将烤箱调为上火190℃、下火190℃，预
   热后放入烤盘，烤15分钟至熟。

10 取出面包，用蛋糕刀斜切，不切断。

11 在面包中间挤入适量沙拉酱。

12 用刷子刷上沙拉酱，铺上肉松即可。

玉米火腿花环包

烤制时间：15分钟　　口味：甜

原料准备

高筋面粉500克◎黄油70克◎细砂糖
100克◎盐5克◎鸡蛋1个◎水200毫升
◎酵母8克◎火腿粒、奶粉、玉米粒、
沙拉酱各20克

工具

搅拌器、刮板、三角铁板各1个◎擀面
杖1根◎蛋糕纸杯4个◎烤箱1台◎玻璃
碗2个◎电子秤1台◎保鲜膜1张

制作方法 🍲

1 细砂糖加清水放玻璃碗中，用搅拌器搅拌成糖水。

2 高筋面粉、酵母、奶粉用刮板开窝，倒入糖水。

3 将材料混合均匀，揉搓成面团，加入鸡蛋，揉匀。

4 放入黄油，揉搓均匀，加盐，揉搓成光滑的面团。

5 保鲜膜将面团包好，静置10分钟，把面团搓成长条。

6 刮板切一个小剂子，用电子秤称取60克的小剂子。

7 再揉搓成球状，将面团压扁，用擀面杖擀成面皮。

8 把面皮卷成细长条状。

9 面条打成虚结。

10 两端穿入结内缠绕成花环，制作成生坯。

11 把生坯放入蛋糕纸杯里，再放在烤盘里发酵90分钟。

12 火腿粒、玉米粒、沙拉酱装碗，用三角铁板拌匀。

13 取拌好的馅料放在生坯中心，放入预热好的烤箱里。

14 关上箱门，以上、下火均为190℃烤15分钟即可。

🍲 **烤·功·秘·籍**

要掌握好糖的用量，糖太多面包会变焦，糖太少成品会变硬；原料中黄油和细砂糖的用量不能过多，否则面筋的骨架太软容易塌陷，影响到成品的口感和外形的美观。

火腿肉松包

烤制时间：15分钟　　口味：咸

原料准备

高筋面粉500克◎黄奶油70克◎细砂糖100克
◎盐5克◎鸡蛋1个◎水200毫升◎酵母8克◎
肉松、奶粉各20克◎火腿4根◎白芝麻少许◎
蜂蜜适量

工具

搅拌器、玻璃碗、刮板各1个◎擀面杖1根◎刷
子1把◎烤箱1台◎电子秤1台◎保鲜膜适量

制作方法

1 细砂糖、水倒入玻璃碗，用搅拌器搅拌至
　熔化；高筋面粉、酵母、奶粉用刮板开
　窝，倒入糖水。

2 混匀，揉成雪花片，加入鸡蛋揉搓成面团。

3 将面团稍微拉平，倒入黄奶油揉搓均匀。

4 加入适量盐，揉搓成光滑的面团，用保鲜
　膜将面团包好，静置10分钟。

5 用电子秤称取将面团分成数个60克一个的
　小面团，把小面团揉搓成圆球形。

6 用擀面杖将小面团擀成面皮，火腿放在面
　皮一端，铺上肉松卷成卷，制成生坯。

7 把面包生坯放入烤盘，使其发酵90分钟，
　在发酵好的面包生坯上撒适量白芝麻。

8 将烤盘放入烤箱，以上、下火190℃烤15分
　钟，取出，刷上适量蜂蜜即可。

烤·功·秘·籍

　　火腿最好选用细一点的，这样
更容易卷成卷。

白吐司

烤制时间：25分钟　　口味：甜

原料准备

高筋面粉500克◎黄油70克◎奶粉20克◎细砂糖100克◎盐5克◎鸡蛋1个◎水200毫升◎酵母8克◎蜂蜜适量

工具

方形模具、刮板、玻璃碗、搅拌器各1个◎刷子1把◎烤箱1台◎保鲜膜1张

制作方法

1 将细砂糖、水倒入玻璃碗中，用搅拌器搅拌至细砂糖熔化；把高筋面粉、酵母、奶粉倒在案台上，用刮板开窝，倒入糖水。

2 混匀成雪花片状，加入鸡蛋揉成面团。

3 将面团稍微拉平，倒入黄油，揉搓均匀。

4 加入适量盐，揉搓成光滑的面团，用保鲜膜将面团包好，静置10分钟。

5 将面团对半切开，并揉搓成圆球，放入抹有黄油的方形模具中，使其发酵90分钟。

6 再放入烤箱，以上火170℃、下火220℃烤25分钟至熟。

7 取出模具，脱模，用刷子刷上蜂蜜即可。

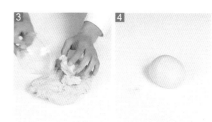

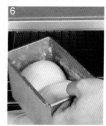

烤·功·秘·籍

在烤好的面包上刷一层蜂蜜，不仅能增加面包的亮度，还能使面包的口感更佳。

全麦吐司

烤制时间：20分钟　　口味：甜

原料准备

高筋面粉200克◎清水100毫升◎奶粉20克◎酵母4克◎细砂糖、全麦粉各50克◎鸡蛋15克◎黄油35克

工具

刮板、方形模具各1个◎刷子1把◎擀面杖1根◎烤箱1台◎电子秤1台

制作方法 🍲

1 高筋面粉倒在案台上，加全麦粉、奶粉、酵母混匀。

2 用刮板开窝。

3 倒入鸡蛋、细砂糖，搅匀。

4 加入清水拌匀。

5 加入黄油。

6 拌入混合好的高筋面粉，揉搓成湿面团。

7 用电子秤称取350克面团。

8 取方形模具，用刷子在里侧四周刷一层黄油。

9 用擀面杖把面团擀成均匀的面皮。

10 再把面皮卷成圆筒状。

11 放入方形模具里，常温下1.5小时发酵。

12 生坯发酵好，约为原面皮体积的2倍，准备烘烤。

13 生坯入烤箱，以上火170℃、下火200℃烤20分钟。

14 取出烤好的全麦吐司，脱模，把全麦吐司装盘即可。

🍲 **烤·功·秘·籍**

烤好的吐司从烤箱中取出后，趁热脱模要容易得多。脱模时注意动作宜慢，以保持面包的完整性。

酸奶吐司

烤制时间：25分钟　口味：甜

原料准备

高筋面粉210克◎酵母4克◎细砂糖43克◎盐3克◎鸡蛋27克◎酸奶150克◎黄油30克◎杏仁片适量

工具

刮板、模具各1个◎擀面杖1根◎烤箱1台◎电子秤1台

制作方法

1 将高筋面粉、酵母、盐倒在案台上，拌匀，用刮板开窝。

2 倒入细砂糖和鸡蛋拌匀，加入酸奶、黄油和匀，揉成面团。

3 用备好的电子秤称取90克左右的面团，称取四个面团，依次揉圆。

4 将面团压扁，用擀面杖擀薄擀长，卷成两头尖的形状，放入模具中发酵。

5 在发酵好的生坯上撒上适量杏仁片。

6 烤箱预热，放入模具，以上火170℃、下火200℃烤25分钟，取出即可。

椰香吐司

烤制时间：25分钟　　口味：甜

原料准备

高筋面粉250克◎清水100毫升◎
白糖70克◎酵母4克◎黄油55克◎
蛋黄15克◎椰蓉、奶粉各20克

工具

刮板、方形模具、玻璃碗各1个◎
小刀1把◎擀面杖1根◎烤箱1台

制作方法

1 高筋面粉加酵母和奶粉，用刮板
　拌匀，开窝。

2 加白糖、清水、蛋黄拌匀，放入
　黄油揉成纯滑的面团。

3 椰蓉倒入碗中，加白糖、黄油，
　搅拌至糖分熔化，制成馅料。

4 取面团压平，放馅料包好，用擀
　面杖擀平，用小刀划出小口。

5 再翻转面片，从前端开始，慢慢
　往回收，卷好形状，放入方形模
　具中，静置45分钟，即成生坯。

6 烤箱预热，放入做好的生坯，以
　上火为170℃、下火为200℃的
　温度烤约25分钟，取出即可。

🍲 **烤·功·秘·籍**

　　喜欢吃酥一点，可以延长烘烤时间，同样，想吃松软一
点的可以把时间设置短一点。

烤·功·秘·籍

掌握好面粉与酵母的比例是制作面包的关键，一般来说，500克面粉需要放5~7.5克的酵母。

提子吐司

烤制时间：25分钟　口味：甜

原料准备 🍴
高筋面粉250克◎酵母4克◎黄油35克◎奶粉10克◎蛋黄15克◎细砂糖50克◎水100毫升◎黄油、提子干适量

工具 🥄
刮板、方形模具各1个◎刷子1把◎擀面杖1根◎烤箱1台◎电子秤1台

制作方法 🍰

1 把高筋面粉倒在案台上，加入酵母、奶粉，充分混合均匀，用刮板开窝。

2 倒入细砂糖、水、蛋黄搅匀。

3 加入混合好的高筋面粉，搓成湿面团。

4 加入黄油，揉搓均匀。

5 揉搓成表面光滑的面团。

6 用电子秤称取约350克面团。

7 取方形模具，用刷子刷一层黄油。

8 用擀面杖将面团擀成面皮。

9 把适量提子干均匀地铺在面皮上，把面皮卷起，卷成圆筒状。

10 将卷好的提子面皮放入方形模具中，常温1.5小时发酵。

11 取烤箱，把生坯放入烤箱中，上火调为180℃，下火调为200℃，烤25分钟。

12 戴上隔热手套，将提子吐司取出即可。

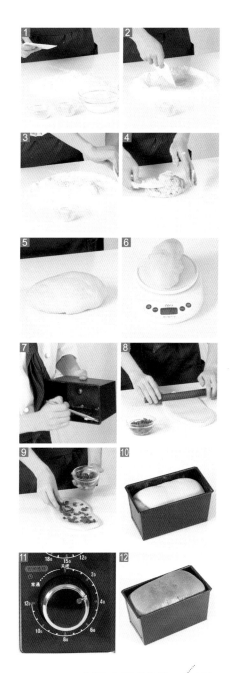

丹麦杏仁酥

烤制时间：15分钟　　口味：甜

原料准备

高筋面粉170克◎低筋面粉30克◎细砂糖50克◎黄油20克◎奶粉12克◎盐3克◎干酵母5克◎水88毫升◎鸡蛋40克◎片状酥油70克◎杏仁片15克◎蜂蜜适量

工具

刮板、玻璃碗各1个◎擀面杖1根◎量尺、刀子、刷子各1把◎烤箱1台◎油纸1张

制作方法 🍞

1 低、高筋面粉，奶粉、干酵母、盐放玻璃碗中拌匀。

2 倒案台上用刮板开窝，倒入水、细砂糖、鸡蛋拌匀。

3 材料混匀，揉搓成面团，加黄油揉搓成纯滑的面团。

4 片状酥油放在油纸上，对折油纸，擀成薄片，待用。

5 用擀面杖将面团擀成面皮，再整理成长方形。

6 放上酥油片，盖上面皮对折两次，放入冰箱冷藏。

7 取出冷藏好的面团，继续擀平。

8 对折两次，放入冰箱冷藏，取出擀平，对折两次。

9 切去不整齐部分，用量尺切出三个3厘米宽面皮。

10 在面皮中间，用刀子一分为二，但上面不切断。

11 打开，将一端穿过面皮中间断开的地方。

12 另一端也穿过中间，呈花状，放入烤盘，发酵90分钟，撒上杏仁片。

13 放入烤箱，以上、下火200℃烤15分钟取出。

14 将烤好的丹麦杏仁酥装盘，用刷子刷上蜂蜜即可。

🍲 **烤·功·秘·籍**

　　刷上适量的蜂蜜可以使杏仁酥看起来更加有光泽；可根据个人喜好，适当增减杏仁片的用量。

检测面包是否烤熟：用手轻压表面，如面团具有弹性，

不会呈现凹洞或者黏合状，即可出炉。

丹麦芒果面包

烤制时间：15分钟　　口味：甜

原料准备 🌱

高筋面粉170克◎低筋面粉30克◎细砂糖50克◎黄油20克◎奶粉12克◎盐3克◎干酵母5克◎水88毫升◎鸡蛋40克◎片状酥油70克◎芒果果肉馅适量

工具 🥄

刮板、玻璃碗各1个◎擀面杖1根◎大压模、小压模各1个◎烤箱1台◎白纸1张

制作方法 🔥

1 低筋面粉、高筋面粉倒入玻璃碗拌匀。

2 倒入奶粉、干酵母、盐，拌匀，倒在案台上，用刮板开窝，倒入水、细砂糖，搅拌均匀，放入鸡蛋，拌匀。

3 将材料混合均匀，揉搓成湿面团，加入黄油，揉搓成光滑的面团。

4 把用白纸包好的片状酥油擀薄。

5 用擀面杖将面团擀成薄片，放上酥油片，折叠。

6 把面皮擀平，将面皮折叠2次，放入冰箱，冷藏10分钟。

7 取出擀平，将上述动作重复操作两次。

8 取大压模，压出4块圆形面皮，去边角。

9 用小压模在两块面皮上压出环状面皮。

10 环状面皮叠放在圆形面皮上，成生坯。

11 放入烤盘发酵90分钟，放芒果果肉馅。

12 把生坯放入预热好的烤箱，以上、下火190℃烤15分钟，取出，装盘即可。

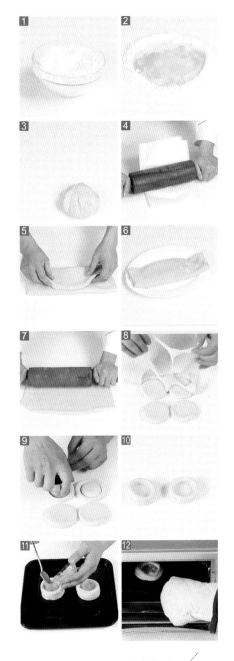

蛋糕类

Cakes

枕头戚风蛋糕

烤制时间：25分钟　　口味：甜

原料准备

鸡蛋4个◎低筋面粉70克◎玉米淀粉55克◎泡打粉5克◎清水70毫升◎色拉油55毫升◎细砂糖125克

工具

搅拌器、长柄刮板、筛网、电动搅拌器、模具各1个◎小刀1把◎玻璃碗2个◎烤箱1台◎白纸1张

制作方法

1. 取两个玻璃碗，打开鸡蛋，分别将蛋黄、蛋白装入玻璃碗中。

2. 用筛网将低筋面粉、玉米淀粉、泡打粉过筛至装有蛋黄的玻璃碗中，用搅拌器拌匀，再倒入清水、色拉油、28克细砂糖，搅拌均匀，至无细粒即可。

3. 取装有蛋白的玻璃碗，用电动搅拌器打至起泡，倒入细砂糖，搅拌匀，将泡打粉倒入碗中，拌匀至其呈鸡尾状。

4. 用长柄刮板将蛋白倒入蛋黄的玻璃碗中。

5. 再将拌好的蛋黄倒入剩余的蛋白中，搅拌均匀，制成面糊。

6. 用长柄刮板将面糊倒入模具中。

7. 将模具放入烤盘，再放入烤箱中，调成上火180℃、下火160℃，烤25分钟。

8. 取出，用小刀沿着模具边缘刮一圈，再倒在白纸上，去除模具的底部即可。

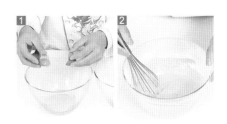

烤·功·秘·籍

可以用牙签从蛋糕中心插下去，出来时如果牙签是干净的，说明蛋糕已熟。

北海道戚风蛋糕

烤制时间：15分钟　　口味：甜

原料准备

低筋面粉85克2克◎细砂糖145克◎色拉油40毫升◎蛋黄75克◎牛奶150毫升◎蛋白150克◎塔塔粉、泡打粉各2克◎鸡蛋1个◎玉米淀粉、黄油各7克◎淡奶油100克

工具

长柄刮板、搅拌器、电动搅拌器各1个◎剪刀1把◎裱花袋1个◎蛋糕纸杯6个◎烤箱1台◎玻璃碗3个

制作方法 🍳

1 将25克细砂糖、蛋黄倒入玻璃碗中，搅拌均匀。

2 加入75克低筋面粉、泡打粉，用搅拌器拌匀。

3 倒入30毫升牛奶，拌匀，倒入色拉油拌匀，待用。

4 另取玻璃碗，加入90克细砂糖、蛋白、塔塔粉。

5 拌匀后用长柄刮板将食材刮入前面的碗中，拌匀。

6 将鸡蛋、30克细砂糖倒入另一个玻璃碗打发，加入剩余低筋面粉。

7 依次加入玉米淀粉、黄油、淡奶油、牛奶。

8 用电动搅拌器拌成馅料，刮入蛋糕纸杯中至六分满。

9 将蛋糕纸杯放入烤盘中待用。

10 打开烤箱，将烤盘放入烤箱中。

11 关上烤箱，以上火180℃、下火160℃烤15分钟。

12 取出烤盘。

13 将馅料装入裱花袋中，压匀后用剪刀剪去约1厘米。

14 馅料挤在蛋糕表面，吃时去掉蛋糕纸杯即可。

> 🍲 **烤·功·秘·籍**
>
> 　　电动搅拌器选择中挡，这样打发蛋白的效果会更好；放入烤箱之前将蛋糕静置几分钟，可使蛋糕表面更光滑。

肉松小蛋糕

烤制时间：15分钟　　口味：甜

原料准备

肉松30克◎鸡蛋5个◎细砂糖175克◎盐5克
◎色拉油455毫升◎白醋5毫升◎低筋面粉
70克◎玉米淀粉55克◎泡打粉5克◎清水70
毫升

工具

筛网、裱花袋、电动搅拌器、长柄刮板、搅
拌器各1个◎玻璃碗3个◎烤箱1台

制作方法

1 将1个鸡蛋打入玻璃碗中，倒入50克细砂
　糖，加入盐，用电动搅拌器搅拌均匀。

2 倒入色拉油、白醋，搅拌成沙拉酱。

3 取两个玻璃碗，打开鸡蛋，分别将蛋
　黄、蛋白装入玻璃碗中。

4 用筛网将低筋面粉、玉米淀粉、2克泡打
　粉过筛至蛋黄碗中，用搅拌器拌匀。

5 倒入清水、色拉油、28克细砂糖拌匀。

6 取装有蛋白的玻璃碗，用电动搅拌器打
　发，倒入97克细砂糖、3克泡打粉拌匀。

7 用长柄刮板将适量蛋白倒入蛋黄碗中。

8 拌匀后倒入剩余的蛋白中，搅成面糊。

9 装入裱花袋中，在烤盘上挤入六等份。

10 放入烤箱中，调成上火180℃、下火
　　160℃，烤15分钟，从烤箱中取出烤盘。

11 蛋糕切开，刷上沙拉酱，将两半捏紧。

12 在黏合处刷上沙拉酱，粘上肉松即可。

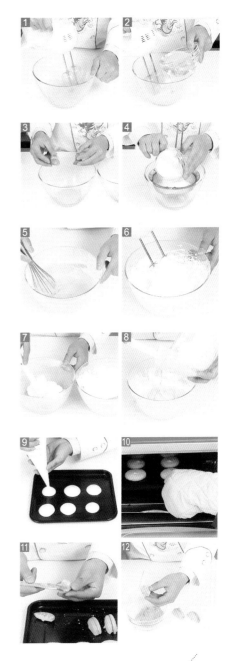

芬妮蛋糕

烤制时间：25分钟　　口味：甜

原料准备

黄油160克◎细砂糖110克◎牛奶45毫升◎鸡蛋200克◎蛋黄20克◎奶粉75克◎低筋面粉180克◎蛋糕油5克◎糖粉60克◎蛋白50克◎蛋黄2个

工具

长柄刮板、电动搅拌器各1个◎裱花袋2个◎蛋糕刀、剪刀各1把◎烤箱1台◎玻璃碗3个◎白纸、烘焙纸各1张

制作方法 🍰

■1 牛奶、80克黄油装入玻璃碗，隔水加热至黄油熔化。

■2 鸡蛋、蛋黄、细砂糖倒入玻璃碗中，用电动搅拌器拌匀。

■3 加入100克低筋面粉、奶粉、蛋糕油，搅拌均匀。

■4 倒入熔化的黄油与牛奶，并快速拌匀，即成面糊。

■5 将面糊倒入铺有烘焙纸的烤盘中，用长柄刮板抹匀。

■6 放入烤箱以上火160℃、下火170℃烤20分钟，即成蛋糕体。

■7 黄油、糖粉倒入玻璃碗中，电动搅拌器先不开动搅拌几下。

■8 分两次加入蛋白搅匀，加入奶粉、低筋面粉，拌成蛋糕酱。

■9 蛋糕酱、蛋黄分别装入裱花袋中。

■10 用剪刀将裱花袋剪一小口，在蛋糕体上挤入蛋糕酱。

■11 蛋黄的裱花袋剪小口，与蛋糕酱方向垂直挤入蛋黄。

■12 放入烤箱，以上火160℃、下火170℃烤5分钟，取出即可。

■13 蛋糕扣在白纸一端，撕去底下的烘焙纸。

■14 将蛋糕翻面，用蛋糕刀切成小方块即成。

🍲 **烤·功·秘·籍** ⌃

　　搅拌面粉的力度不要过大，时间不要过长，以免产生筋性，影响蛋糕的口感；夏天吃蛋糕若想达到最佳口感，可先放入冰箱冷藏，再取出食用。

香草蛋糕卷

烤制时间：20分钟　　口味：甜

原料准备

蛋白140克◎细砂糖55克◎塔塔粉3克◎蛋黄60克◎牛奶40毫升◎低筋面粉65克◎细砂糖20克◎食用油、香草粉、香橙果酱各适量

工具

玻璃碗2个◎搅拌器、刮板、电动搅拌器各1个◎白纸、烘焙纸各1张◎木棍1根◎蛋糕刀1把

制作方法

1 蛋黄、牛奶、低筋面粉、食用油倒入玻璃碗，加香草粉、细砂糖，用搅拌器拌匀。

2 另取一个玻璃碗，加入蛋白、细砂糖、塔塔粉，用电动搅拌器打至鸡尾状。

3 将蛋白部分加入到蛋黄部分，搅拌均匀。

4 烤盘铺上烘焙纸，倒入面糊至六分满。

5 烤盘放入预热好的烤箱，以上火180℃，下火160℃烤20分钟，取出烤盘放凉。

6 用刮板将蛋糕与烤盘分离，将蛋糕倒在干净的白纸上，把蛋糕翻一面。

7 撕去底部的烘焙纸，均匀地抹上果酱，将木棍垫在蛋糕的一端，轻轻提起，慢慢地将蛋糕卷成卷。

8 卷好后将白纸去除，用蛋糕刀将两头不整齐的地方切除，切成均匀的蛋糕卷即可。

烤·功·秘·籍

蛋白可以分次加入，能更好地搅匀使蛋糕更松软。

酥皮樱桃蛋糕

烤制时间：20分钟　　口味：甜

原料准备 🥄

黄油125克◎糖粉50克◎鸡蛋1个◎盐1克◎低筋面粉70克◎泡打粉2.5克◎樱桃85克◎细砂糖、高筋面粉各25克

工具 🥄

长柄刮板1个◎长方形模具3个◎刷子1把◎电动搅拌器1个◎烤箱1台◎玻璃碗2个

制作方法 🍮

1 取25克细砂糖、黄油放入玻璃碗，拌匀。

2 加低筋面粉用长柄刮板拌匀，成酥皮馅。

3 将糖粉和100克黄油一起倒入玻璃碗中，用电动搅拌器搅拌匀，加入鸡蛋，搅散，撒上盐，拌匀。

4 再倒入泡打粉，拌匀，放入高筋面粉，搅拌至材料呈糊状，即成蛋糕体生坯。

5 取长方形模具，用刷子在内壁刷上一层黄油，盛入蛋糕体生坯，摊开至三分满，撒上樱桃。

6 再盖上适量的酥皮馅，铺匀、摊开，至七八分满，即成蛋糕生坯。

7 将蛋糕生坯放入烤盘，放入烤箱，以上、下火170℃的温度烤20分钟，取出即可。

🍽 **烤·功·秘·籍**

制作酥皮时一定要充分拌匀，这样烤出的成品口感才会酥脆。

椰蓉果酱蛋糕

烤制时间：15分钟　　口味：甜

原料准备

鸡蛋120克◎低筋面粉60克◎清水20毫升◎黄油150克◎细砂糖95克◎椰蓉、果酱、蓝莓各适量

工具

电动搅拌器、长柄刮板、圆形模具、裱花袋、裱花嘴各1个◎剪刀、刷子各1把◎烤箱1台◎玻璃碗2个◎烘焙纸2张

制作方法

1 将鸡蛋打入玻璃碗中，加入60克细砂糖，用电动搅拌器拌匀，倒入低筋面粉、50克黄油、清水，搅成纯滑的面浆。

2 把面浆倒在垫有烘焙纸的烤盘里，再用长柄刮板抹平整。

3 取烤箱，放入烤盘，以上火、下火160℃烤15分钟，戴上隔热手套取出蛋糕，脱模。

4 蛋糕放在烘焙纸上，撕去底部的烘焙纸，翻面，用圆形模具压出两块圆形小蛋糕。

5 两块蛋糕相叠，四周用刷子刷上适量果酱，粘上适量椰蓉。

6 把细砂糖倒入玻璃碗中，加入黄油，用电动搅拌器搅拌均匀，搅拌成纯滑的糊状。

7 裱花嘴套在裱花袋尖角处，将细砂糖、黄油装入裱花袋，在尖角处用剪刀剪一小口。

8 把细砂糖黄油挤在蛋糕顶部四周围成一个圈，再逐一放上果酱，装饰上蓝莓即可。

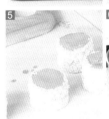

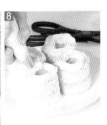

烤·功·秘·籍

选择大小适宜的裱花嘴，再将细砂糖、黄油挤到蛋糕上，这样能制作出外形美观的蛋糕。

蔓越莓蛋糕卷

烤制时间：20分钟　　口味：甜

原料准备

蛋白、细砂糖各140克◎蛋黄60克◎塔塔粉、泡打粉各2克◎水30毫升◎食用油30毫升◎低筋面粉70克◎玉米淀粉55克◎蔓越莓干、果酱各适量

工具

电动搅拌器、搅拌器、长柄刮板、刮板各1个◎木棍1根◎抹刀、蛋糕刀各1把◎烤箱1台◎玻璃碗2个◎白纸、烘焙纸各1张

制作方法 🎂

1️⃣ 取玻璃碗，倒入蛋黄、水、食用油、低筋面粉。

2️⃣ 加入玉米淀粉、30克细砂糖、泡打粉，用搅拌器拌匀。

3️⃣ 将蛋白、110克细砂糖、塔塔粉倒入另一个玻璃碗，用电动搅拌器拌匀。

4️⃣ 将拌好的蛋白部分加入到蛋黄里，搅拌均匀。

5️⃣ 烤盘上铺上烘焙纸，均匀地撒上适量蔓越莓干。

6️⃣ 用长柄刮板将搅拌好的面糊倒入烤盘，倒至八分满。

7️⃣ 将烤盘放入预热好的烤箱内，关好烤箱门。

8️⃣ 温度调成上火180℃、下火160℃，时间定为20分钟。

9️⃣ 待20分钟后，戴上隔热手套取出烤盘放凉。

🔟 用刮板将蛋糕跟烤盘分离，将蛋糕倒在白纸上。

1️⃣1️⃣ 另一端的白纸盖上把蛋糕翻一面，用抹刀抹上果酱。

1️⃣2️⃣ 将木棍垫在蛋糕的一端，将蛋糕卷成卷。

1️⃣3️⃣ 卷好后将白纸去除，用蛋糕刀切除不整齐的地方。

1️⃣4️⃣ 将蛋糕切成大小均匀的蛋糕卷，装入盘中即可。

🍲 **烤·功·秘·籍**

　　将搅拌好的面糊倒入烤盘后轻轻抖动烤盘，这样可使做出的蛋糕外观更平整；撒蔓越莓干的时候最好撒得均匀点，蛋糕会更美观。

迷你蛋糕

烤制时间：10分钟　　口味：甜

原料准备

鸡蛋4个（蛋白、蛋黄分离放置）◎塔塔粉3克
◎细砂糖170克◎低筋面粉70克◎玉米淀粉55
克◎色拉油55毫升◎清水20毫升◎泡打粉2克

工具

搅拌器、电动搅拌器、长柄刮板、裱花袋、筛
网各1个◎剪刀1把◎蛋糕纸杯9个◎玻璃碗2个

制作方法

1　将蛋黄、30克细砂糖倒入玻璃碗中，用搅
　　拌器拌匀，加入色拉油、清水，搅拌匀。

2　用筛网将玉米淀粉、低筋面粉、泡打粉过
　　筛至玻璃碗，搅成糊状，蛋黄部分完成。

3　用电动搅拌器将蛋白打发至白色，分两次
　　倒入细砂糖搅拌匀，加入塔塔粉拌匀。

4　用长柄刮板将一部分蛋白部分倒入蛋黄部
　　分中拌匀。

5　拌好的材料倒入剩余的蛋白部分中拌匀。

6　把材料装入裱花袋中，用剪刀在尖端剪一
　　个小口，将材料挤入蛋糕纸杯至五分满。

7　蛋糕纸杯放入烤盘，放入烤箱，以上、下
　　火160℃，烤10分钟，取出即可。

🍲 **烤·功·秘·籍**

材料不要倒入太满，以免影响成品美观。

玛芬蛋糕

烤制时间：20分钟 口味：甜

原料准备

糖粉160克◎鸡蛋220克◎低筋面粉270克◎牛奶40毫升◎盐3克◎泡打粉8克◎黄油150克

工具

电动搅拌器、裱花袋、筛网各1个◎蛋糕纸杯6个◎剪刀1把◎烤箱1台◎玻璃碗1个

制作方法

1 鸡蛋、糖粉、盐装入玻璃碗，用电动搅拌器搅拌均匀，倒入黄油拌匀。

2 用筛网将低筋面粉过筛至碗中，把泡打粉过筛至碗中，拌匀。

3 倒入牛奶，并不停搅拌，制成面糊。

4 将面糊倒入裱花袋中，在裱花袋尖端部位用剪刀剪开一个小口。

5 把蛋糕纸杯放入烤盘中，挤入适量面糊，至七分满。

6 将烤盘放入烤箱中，以上火190℃、下火170℃烤20分钟至熟，取出即可。

柠檬玛芬

烤制时间：20分钟　口味：甜

原料准备

糖粉100克◎鸡蛋2个◎泡打粉2克
◎低筋面粉、黄油各120克◎柠檬
皮碎少许◎打发的鲜奶油适量

工具

电动搅拌器、筛网、玻璃碗、花嘴
各1个◎剪刀1把◎锡纸杯9个◎烤
箱1台◎裱花袋2个

制作方法

1 黄油装入玻璃碗，倒入糖粉，用
  电动搅拌器拌匀，分两次加入鸡
  蛋拌匀。

2 用筛网将低筋面粉、泡打粉过筛
  至碗中，放柠檬皮碎拌成糊状。

3 将面糊装入裱花袋中，尖端用剪
  刀剪一小口，将面糊挤入锡纸杯
  中至八分满，放入烤盘。

4 放入烤箱，以上火170℃、下火
  160℃烤20分钟，取出烤盘。

5 将花嘴放入裱花袋中，用剪刀剪
  一个口，把鲜奶油装裱花袋中。

6 将柠檬玛芬装入盘中，挤入适量
  的鲜奶油即可。

烤·功·秘·籍

挤入纸杯的面糊不能太满，以免烤的时候溢出来，影响
成品美观。

海绵蛋糕

烤制时间：20分钟　口味：甜

原料准备

全蛋4个、蛋黄2个◎低筋面粉125克◎细砂糖112克◎清水50毫升◎色拉油37毫升◎蛋糕油10克

工具

电动搅拌器、裱花袋、刮板、玻璃碗各1个◎蛋糕刀、剪刀各1把◎筷子1根◎白纸、烘焙纸各1张

制作方法

1 将全蛋倒入玻璃碗中，放入细砂糖，用电动搅拌器打发至起泡。

2 倒入适量清水，放入低筋面粉、蛋糕油，搅拌均匀，倒入剩余的清水，加入色拉油，搅拌匀，制成面糊。

3 烤盘铺上烘焙纸，倒入面糊，刮板抹匀。

4 用筷子将蛋黄拌匀，倒入裱花袋中，用剪刀将裱花袋尖端剪开。

5 在面糊上快速地淋上蛋黄液，用筷子在面糊表层呈反方向划动。

6 将烤盘放入烤箱中，把烤箱温度调成上火170℃、下火190℃，烤20分钟，取出。

7 在案台上铺一张白纸，将蛋糕反铺在白纸上，撕掉粘在蛋糕上的烘焙纸。

8 用蛋糕刀将蛋糕切出一块，再切成三等份，沿对角线切开呈三角形，装盘即可。

烤·功·秘·籍

用手在蛋糕上轻轻一按，若松手后蛋糕可复原，表示已烤熟。

红豆乳酪蛋糕

烤制时间：15分钟　　口味：甜

原料准备

芝士250克◎鸡蛋3个◎细砂糖20克◎酸奶75毫升◎黄油25克◎红豆粒80克◎低筋面粉20克◎糖粉适量

工具

长柄刮板、筛网、电动搅拌器、玻璃碗各1个◎蛋糕刀1把◎烤箱1台◎白纸、烘焙纸各1张

制作方法

1 将芝士放玻璃碗中隔水加热至融化，取出，用电动搅拌器搅拌均匀。

2 加入细砂糖、黄油、鸡蛋，搅拌匀，倒入低筋面粉，搅拌均匀，放入酸奶、红豆粒，搅拌匀。

3 将拌好的材料倒入垫有烘焙纸的烤盘中，用长柄刮板抹平。

4 将烤箱预热，调成上火180℃、下火180℃，放入烤盘，烤15分钟至熟。

5 取出烤好的蛋糕，将烤盘倒扣在白纸上，取走烤盘，撕去蛋糕底部的烘焙纸。

6 把白纸另一端盖上蛋糕，将其翻面。

7 将蛋糕边缘修整齐，再切成长约4厘米、宽约2厘米的块。

8 装入盘中，用筛网筛上适量糖粉即可。

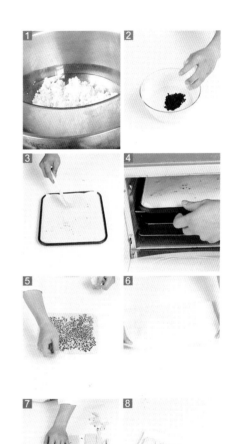

烤·功·秘·籍

鸡蛋不能一次都倒进去，否则不易搅拌匀。

饼干类

Biscuit

黄油曲奇

烤制时间：17分钟　　口味：甜

原料准备 🌰

黄油130克◎细砂糖35克◎糖粉65克◎香草粉
5克◎低筋面粉200克◎鸡蛋适量

工具 🥄

电动搅拌器、裱花袋、裱花嘴、长柄刮板、刮
板各1个◎剪刀1把◎烤箱1台◎玻璃碗1个◎油
纸1张

制作方法 🍮

1 取一个玻璃碗，放入糖粉、黄油，用电动
　搅拌器打发至呈乳白色。

2 加入鸡蛋，继续搅拌，加入细砂糖拌匀。

3 加入备好的香草粉、低筋面粉，拌匀。

4 用刮板将材料搅拌片刻，撑开裱花袋，装
　入裱花嘴，用长柄刮板将拌好的材料装入
　裱花袋中，用剪刀剪开一个小洞。

5 在烤盘上铺上一张油纸，将裱花袋中的材
　料挤在烤盘上，制成饼坯。

6 预热好烤箱，将装有饼坯的烤盘放入，以
　上火180℃、下火160℃烤17分钟。

7 待17分钟后开箱，戴上隔热手套将烤盘取
　出，将烤好的黄油曲奇装入盘中即可。

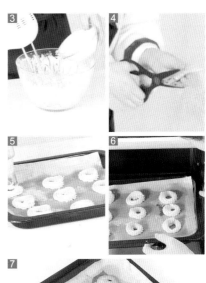

> 🍲 **烤·功·秘·籍**
>
> 　挤压裱花袋的时候，用力一定要一致，才能使饼干更漂
> 亮。

奶香曲奇

烤制时间：15分钟　　口味：甜

原料准备 🍳

黄油75克◎糖粉20克◎蛋黄15克◎细砂糖14克◎淡奶油15克◎低筋面粉80克◎奶粉30克◎玉米淀粉10克

工具 🥄

电动搅拌器、长柄刮板、裱花嘴各1个◎裱花袋1个◎烤箱1台◎剪刀1把◎玻璃碗1个◎油纸1张

制作方法 🍰

1　取一个玻璃碗，加入糖粉、黄油，用电动搅拌器搅匀。

2　至其呈乳白色后加入蛋黄，继续搅拌。

3　再依次加入细砂糖、淡奶油、玉米淀粉、奶粉、低筋面粉，充分搅拌均匀。

4　用长柄刮板将搅拌匀的材料搅拌片刻。

5　将裱花嘴装入裱花袋，剪开一个小洞，用刮板将拌好的材料装入裱花袋中。

6　在烤盘上铺一张油纸，将裱花袋中的材料挤在烤盘上，挤成长条形。

7　将装有饼坯的烤盘放入烤箱。

8　以上火180℃、下火150℃，烤15分钟至熟，打开烤箱，戴上隔热手套将烤盘取出，将烤好的奶香曲奇装入盘中即可。

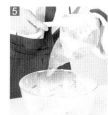

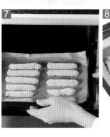
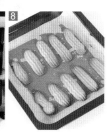

🍲 烤·功·秘·籍

挤出材料时，每个曲奇饼之间的空隙要大一点，以免烤好后成品黏连在一起。

袋底的小孔不宜太大，以免挤出的面糊的形状不好看；

饼干放凉后应放入干燥洁净的密封包装袋或者食盒等。

罗曼咖啡曲奇

烤制时间：10分钟　　口味：甜

原料准备

黄油62克◎糖粉50克◎蛋白22克◎咖啡粉、香草粉各5克◎开水5毫升◎杏仁粉35克◎低筋面粉80克

工具

裱花袋、裱花嘴各1个◎剪刀1把◎电动搅拌器1个◎烤箱1台◎玻璃碗1个◎油纸1张

制作方法

1 糖粉、黄油倒入玻璃碗中，用电动搅拌器拌至黄油熔化。

2 倒入蛋白，拌至食材融合在一起。

3 将开水注入咖啡粉中，晃动几下，至咖啡粉完全熔化，制成咖啡液，待用。

4 玻璃碗中再加入调好的咖啡液，拌匀。

5 倒入香草粉拌匀，撒上杏仁粉拌匀。

6 最后倒入低筋面粉，搅拌匀，至材料呈细腻的面糊状，待用。

7 取一裱花袋，放入裱花嘴，盛入面糊。

8 收紧袋口，用剪刀在袋底剪出一个小孔，露出裱花嘴，待用。

9 烤盘中垫上一张大小适合的油纸，挤入适量面糊，制成数个曲奇生坯。

10 烤箱预热，放入烤盘。

11 关好烤箱门，以上火180℃、下火160℃的温度烤约10分钟，至食材熟透。

12 取出，将烤熟的曲奇摆放在盘中即成。

黄金芝士苏打饼干

烤制时间：15分钟　　口味：甜

原料准备
低筋面粉260克◎水100毫升◎色拉油62
毫升◎酵母3克◎小苏打2克◎芝士10克

工具
硅胶刮板1个◎油纸1张◎烤箱1台◎擀
面杖1根◎饼干模具1个

制作方法 🍮

1 200克低筋面粉、酵母、小苏打用硅胶刮板开窝。

2 加入40毫升色拉油、水、芝士，稍稍拌匀。

3 刮入面粉，混合均匀。

4 将混合物搓揉成一个纯滑面团，即成油皮，待用。

5 往案台上倒入低筋面粉，用硅胶刮板开窝。

6 加入色拉油。

7 刮入面粉，将其搓揉成一个纯滑面团，即成油心。

8 油皮面团放案台上，用擀面杖擀薄至面饼状。

9 将油心面团用手按压一下，放在油皮面饼一端。

10 将面饼另外一端盖住面团，用手压紧面饼四周。

11 用擀面杖将裹有面团的面饼擀薄。

12 将擀薄的饼坯两端往中间对折，再用擀面杖擀薄。

13 用饼干模具按压饼坯，装入铺有油纸的烤盘内。

14 放入烤箱，以上、下火160℃烤15分钟，取出即可。

🍲 烤·功·秘·籍

搓揉面团的时候，手上可以撒些面粉，这样可以防止面团粘手；可以在烤好的饼干上撒适量芝士碎，这样吃起来会更香。

奶香苏打饼干

烤制时间：15分钟　口味：甜

原料准备 🖊

低筋面粉100克◎小苏打、盐、酵母各2克◎三花淡奶60毫升

工具 🖊

硅胶刮板1个◎擀面杖1根◎油纸1张◎烤箱1台◎模具1个

制作方法 🍮

1 往案台上倒入低筋面粉、盐、小苏打、酵母，用硅胶刮板拌匀，开窝。

2 倒入三花淡奶，稍稍拌匀，刮入面粉，混合均匀。

3 将混合物搓揉成一个纯滑面团，用擀面杖将面团均匀擀薄成饼坯。

4 用模具按压饼坯，取出数个生坯。

5 烤盘垫一层油纸，放上饼干生坯。

6 将烤盘放入烤箱中，以上火160℃、下火160℃烤15分钟至熟，取出烤盘，取一小篮子，将烤好的饼干装篮即可。

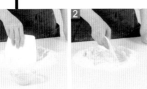

花生薄饼

烤制时间：20分钟　　口味：甜

原料准备 🥜

低筋面粉155克◎奶粉35克◎黄油120克◎盐1克◎鸡蛋、糖粉各85克◎牛奶45毫升◎花生碎适量

工具 🥄

刮板、裱花袋各1个◎剪刀1把◎烤箱1台◎油纸1张

制作方法 🍰

1 将黄油、糖粉倒在案台上揉匀。

2 倒入鸡蛋，拌匀，加入牛奶，用刮板搅拌均匀。

3 放入低筋面粉、奶粉、盐，将材料混合均匀。

4 继续搅拌成糊状，将面糊装入裱花袋中，用剪刀在裱花袋尖端部位剪出一个小口。

5 把面糊挤入铺有油纸的烤盘上，在面糊上撒入适量花生碎。

6 将烤盘放入烤箱，以上火150℃、下火150℃烤20分钟，取出，装入容器中即可。

🍲 **烤·功·秘·籍** ⌃

　　将面糊挤在烤盘中一定要挤得均匀一些，否则会影响成品的外观。

巧克力牛奶饼干

烤制时间：15分钟　　口味：甜

原料准备

黄油100克◎糖粉60克◎低筋面粉180克◎蛋白、可可粉、奶粉各20克◎黑巧克力液、白巧克力液各适量◎白奶油50克◎纯牛奶40毫升

工具

刮板、模具、电动搅拌器各1个◎裱花袋2个◎擀面杖1根◎剪刀1把◎烤箱1台◎玻璃碗1个◎白纸1张◎牙签1根

制作方法 🍬

1️⃣ 低筋面粉、奶粉、可可粉用刮板开窝，加蛋白、糖粉混匀。

2️⃣ 加黄油混合均匀，揉搓成光滑的面团。

3️⃣ 用擀面杖擀成5厘米厚面皮，用模具压出8个圆饼。

4️⃣ 把饼坯放在烤盘里，放入预热好的烤箱里。

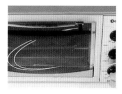

5️⃣ 关上箱门，以上、下火170℃烤15分钟至熟。

6️⃣ 将白奶油倒入玻璃碗中，用电动搅拌器打发均匀。

7️⃣ 把纯牛奶分次加入，快速搅匀，制成馅料。

8️⃣ 把馅料装入裱花袋里，待用。

9️⃣ 打开箱门，取出烤好的饼干。

🔟 将白巧克力液装入裱花袋中，用剪刀剪开一个小口。

1️⃣1️⃣ 把饼干放在白纸上，将馅料挤在其中4块饼干上。

1️⃣2️⃣ 其余4块饼干蘸上黑巧克力液，盖在有馅的饼干上。

1️⃣3️⃣ 以画圆圈的方式把白巧克力液挤在饼干上。

1️⃣4️⃣ 用牙签将白巧克力液划出花纹，装入盘中即可。

🍲 **烤·功·秘·籍**

　　待黄油变软后再使用，这样更容易混合均匀。饼干烤好后要马上从烤箱里取出，以免在烤箱里吸收水汽，影响口感。

杏仁奇脆饼

烤制时间：15分钟　　口味：甜

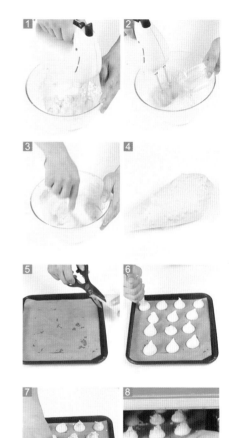

原料准备 🍳

黄油90克◎低筋面粉110克◎糖粉90克◎蛋白50克◎杏仁片适量

工具 🥄

电动搅拌器、长柄刮板、裱花袋各1个◎剪刀1把◎烤箱1台◎油纸1张◎玻璃碗1个

制作方法 🍰

1 将黄油倒入玻璃碗中，加入糖粉，用电动搅拌器搅拌均匀。

2 加入蛋白，并搅拌匀。

3 倒入低筋面粉，用长柄刮板将材料搅拌成糊状。

4 把面糊装入裱花袋里。

5 用剪刀将裱花袋尖角处剪开一个小口。

6 将面糊均匀地挤在铺有油纸的烤盘里。

7 撒上适量杏仁片。

8 把烤盘放入预热好的烤箱里，关上箱门，以上火190℃、下火140℃烤约15分钟，取出即成。

🍲 **烤·功·秘·籍**

　　饼干生坯之间要留一些空隙，这样能避免烤好的饼干粘在一起。

卡雷特饼干

烤制时间：20分钟　　口味：甜

原料准备

黄油75克◎糖粉40克◎蛋黄2个◎低筋面粉95克◎泡打粉4克◎柠檬皮末适量

工具

刮板1个◎叉子1把◎刷子1把◎模具6个◎烤箱1台

制作方法

1　将低筋面粉倒在案台上，用刮板开窝，倒入泡打粉，刮向粉窝四周。

2　加入糖粉、1个蛋黄，用刮板搅散。

3　加入黄油将材料混合均匀，揉搓成面团。

4　把适量柠檬皮末倒在面团上，揉搓均匀，将面团搓成长条。

5　用刮板切成数个小剂子，取模具，放入小剂子，压严实，制成生坯。

6　用刷子在生坯上刷一层蛋黄，用叉子划上条纹。

7　把生坯放入预热好的烤箱里，关上箱门，以上火180℃、下火150℃烤20分钟，取出烤好的饼干，脱模后装入盘中即可。

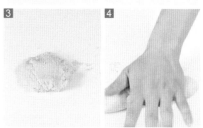

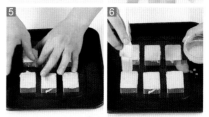

烤·功·秘·籍

可在模具中刷上黄油，这样更易脱模。

草莓小西饼

烤制时间：15分钟　　口味：甜

原料准备

奶粉8克◎蛋黄1个◎花生碎适量◎全蛋1个
◎糖粉37克◎低筋面粉55克◎黄油65克◎
杏仁粉60克◎草莓酱适量

工具

刮板、裱花袋各1个◎刷子、剪刀各1把◎烤
箱1台◎筷子1根

制作方法

1 把黄油、糖粉倒在案台上，用刮板拌
　匀，放入全蛋，搅拌匀。

2 倒入低筋面粉、杏仁粉、奶粉，将材料
　混合均匀。

3 揉搓成纯滑的面团，揉搓成长条。

4 再切成数个大小均匀的小剂子，搓圆。

5 把小剂子放入烤盘，用刷子刷上蛋黄。

6 粘上适量花生碎。

7 用筷子在小剂子中间插一下，备用。

8 把草莓酱倒入裱花袋中。

9 用剪刀在尖端部位剪出一个小口。

10 在小剂子中间凹陷处挤入草莓酱。

11 将烤盘放入烤箱，以上火180℃、下火
　 160℃烤15分钟至熟。

12 从烤箱中取出烤盘，将烤好的草莓小西
　 饼装入盘中即可。

点心类

Desserts

🍲 烤·功·秘·籍

　　制作蛋液时可加入少许水淀粉，这样烤熟后口感会更
佳；圆形酥皮的厚薄要均匀，这样烤出来的口感才均衡。

芝麻酥

烤制时间：15分钟　　口味：甜

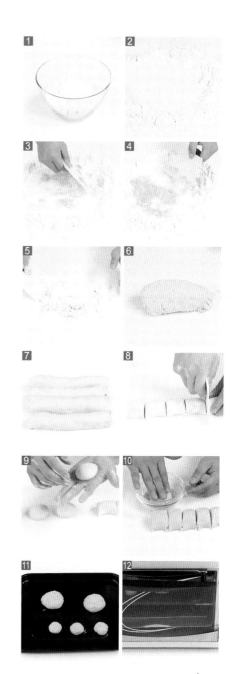

原料准备

低筋面粉500克◎猪油220克◎白糖330克◎
鸡蛋1个◎臭粉3.5克◎泡打粉5克◎食粉2克
◎清水50毫升◎芝麻15克

工具

筛网、刮板各1个 ◎玻璃碗1个◎烤箱1台

制作方法

1 将低筋面粉、食粉、泡打粉、臭粉倒入
　玻璃碗中混匀。

2 倒入筛网过筛，撒在案台上用刮板开窝。

3 放入白糖，打入鸡蛋，轻轻搅拌，使鸡
　蛋散开。

4 注入少许清水，慢慢地刮入面粉，搅拌
　一会儿，至白糖溶化。

5 再放入备好的猪油，搅拌匀。

6 揉匀至面团成形。

7 把面团搓成长条，分成数段，备用。

8 取一段面团，分成数个剂子。

9 揉搓成中间厚、四周薄的圆形酥皮。

10再滚上芝麻，制成生坯。

11生坯放在烤盘中。

12放入烤箱，以上火175℃、下火180℃的
　温度，烤约15分钟，至生坯呈金黄色，
　断电后取出烤盘，冷却后即可食用。

核桃酥

烤制时间：15分钟　　口味：甜

原料准备

低筋面粉500克◎猪油220克◎白糖330克◎鸡蛋1个◎臭粉3.5克◎泡打粉5克◎食粉2克◎清水50毫升◎烤核桃仁少许◎鸡蛋黄2个

工具

筛网、刷子、刮板各1个　◎玻璃碗2个◎烤箱1台

制作方法 🍰

1 将低筋面粉、食粉、泡打粉、臭粉倒入玻璃碗混合。

2 倒入筛网中过筛，撒在案台上，用刮板开窝。

3 放入白糖，打入鸡蛋，轻轻搅拌，使鸡蛋散开。

4 注入少许清水，慢慢地刮入面粉，搅拌至糖分溶化。

5 再放入猪油拌匀，至其溶于面粉中，制成面团。

6 把面团搓成长条，分成数段。

7 将鸡蛋黄倒入玻璃碗中，打散、搅匀，制成蛋液。

8 取一段面团，分成数个剂子。

9 揉成中间厚、四周薄的圆形酥皮。

10 逐一按压一个小圆孔，放入烤盘中，刷上蛋液。

11 蛋液较薄的地方再刷上一层蛋液。

12 依次嵌入烤核桃仁，制成生坯，放入烤盘。

13 放入烤箱以上火175℃、下火180℃，烤15分钟。

14 断电后取出烤盘，待稍微冷却后即可食用。

🍲 **烤·功·秘·籍**

烤箱的预热温度不宜太高，以免放入烤盘时烫手；烘烤时间要根据面皮的大小决定，注意掌握好时间，不要烤煳。

葡式蛋挞

烤制时间：20分钟　　口味：甜

原料准备

挞皮： 糖粉75克◎低筋面粉225克◎黄油150克◎鸡蛋1个

葡挞液： 蛋黄4个◎牛奶200毫升◎鲜奶油200克◎白砂糖、炼乳、吉士粉各适量

工具

蛋挞模4个◎筛网、刮板、锅各1个◎玻璃碗2个◎量杯1个◎搅拌器1个◎烤箱1台

制作方法

1️⃣ 黄油装入玻璃碗，加入糖粉拌匀，至颜色变白。

2️⃣ 打入1个鸡蛋，搅拌均匀，加110克低筋面粉拌匀。

3️⃣ 加入剩下的低筋面粉，揉成面团，将面团搓成长条。

4️⃣ 分成两半，用刮板切成30克一个的小剂子。

5️⃣ 将小剂子放在手上搓圆，沾上低筋面粉。

6️⃣ 再粘在蛋挞模上，沿着边沿按紧，即成挞皮。

7️⃣ 用火将锅烧热，倒入牛奶，用中火煮开。

8️⃣ 倒入鲜奶油，搅拌匀煮开，加入白砂糖，煮至熔化。

9️⃣ 倒入炼乳，搅拌匀，煮开，关火后，放置冷却。

🔟 将蛋黄倒入锅中，用搅拌器搅拌均匀。

1️⃣1️⃣ 加入吉士粉，拌匀，使颜色加深。

1️⃣2️⃣ 用筛网将蛋液过筛至玻璃碗中，使葡挞液更细腻。

1️⃣3️⃣ 倒入量杯中，再倒入蛋挞模中至八分满，放入烤盘。

1️⃣4️⃣ 放入烤箱以上火220℃、下火200℃烤20分钟即可。

🍲 **烤·功·秘·籍**

　　煮鲜奶时要不停搅拌，以免煮煳；挞皮的量如果过多，可用保鲜膜包好放入冰箱冷藏，蛋挞液也是一样可以保存的，但不能太久。

泡芙

烤制时间：20分钟　　口味：甜

原料准备 🥄

奶油、高筋面粉各60克◎鸡蛋2个◎牛奶、清水各60毫升

工具 🥄

裱花袋、锅、搅拌器各1个◎锡纸1张◎剪刀1把◎烤箱1台

制作方法 🍳

1 锅置火上，烧热，倒入清水，注入牛奶。

2 再放入奶油，搅拌匀，用中小火煮1分钟，至奶油熔化。

3 关火后倒入高筋面粉，用搅拌器搅匀。

4 分次打入鸡蛋，快速搅拌一会儿，至材料呈浓稠状，即成泡芙浆。

5 泡芙浆装入裱花袋，用剪刀剪开袋底。

6 在烤盘上平铺上一张锡纸，均匀地挤入泡芙浆，呈宝塔状，制成泡芙生坯。

7 烤箱预热，放入烤盘，关好门，以上火175℃、下火180℃的温度，烤约20分钟，至生坯熟透，断电后取出烤盘，待稍微冷却后即可食用。

🍗 **烤·功·秘·籍**

裱花袋底的口子不宜剪得太大，以免制作生坯时不容易操作，形状不美观。

烤·功·秘·籍

　　鸡蛋要分次加入面糊中，有利于掌握面糊的稀稠度；面糊
受热会膨胀，所以挤在烤盘上的圆形面糊间要留有足够空隙。

日式泡芙

烤制时间：20分钟　　口味：甜

原料准备

奶油、高筋面粉各60克◎鸡蛋2个◎牛奶、清水各60毫升◎植物鲜奶油300克◎糖粉适量

工具

电动搅拌器、玻璃碗、三角铁板、刮板、锅各1个◎锡纸1张◎小刀1把◎烤箱1台◎裱花袋2个

制作方法

1 锅置火上，加入清水、牛奶、奶油。

2 不断搅拌均匀，煮至奶油熔化，关火。

3 倒入高筋面粉，用三角铁板拌至成团。

4 打入一个鸡蛋，用电动搅拌器拌匀。

5 加入另一个鸡蛋，继续拌匀至糊状。

6 用刮板将泡芙浆装入裱花袋中。

7 将锡纸放烤盘上，将装入裱花袋的泡芙浆挤到锡纸上。

8 放入预热好的烤箱，以上火190℃、下火200℃烤20分钟取出。

9 植物鲜奶油放玻璃碗中，用电动搅拌器慢速搅拌五分钟。

10 将打发的鲜奶油装入裱花袋中。

11 用小刀将泡芙横切一道口子。

12 将鲜奶油挤到泡芙中，撒上糖粉即可。

草莓派

烤制时间：25分钟　　口味：甜

原料准备 🥄

细砂糖55克◎低筋面粉200克◎牛奶60毫升◎黄油150克◎杏仁粉50克◎鸡蛋1个◎草莓100克◎蜂蜜适量

工具 🥄

派皮模具、刮板、搅拌器各1个◎玻璃碗1个◎保鲜膜1张◎烤箱1台◎刷子1把

制作方法 🍰

1　将低筋面粉倒在案台上，用刮板开窝，倒入5克细砂糖、牛奶，用刮板搅拌匀。

2　加入100克黄油，用手和成面团，用保鲜膜将面团包好，压平，放冰箱冷藏30分钟。

3　取出面团后轻轻地按压一下，撕掉保鲜膜，压薄，取一个派皮模具，盖上底盘。

4　放上面皮，贴紧模具，切去多余面皮，再次沿着模具边缘将面皮压紧，即成派皮。

5　将细砂糖、鸡蛋倒入玻璃碗，用搅拌器快速拌匀，加入杏仁粉，搅拌均匀。

6　倒入黄油搅拌至糊状，制成杏仁奶油馅，倒入派皮模具内至五分满，并抹匀。

7　把烤箱温度调成上、下火180℃，将模具放入烤盘，再放入烤箱中，烤25分钟取出。

8　去除模具，装盘，沿着派皮的边缘摆上洗净的草莓，在草莓上刷适量蜂蜜即可。

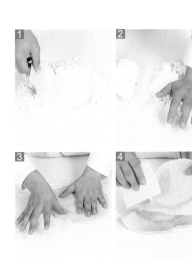

🍲 烤·功·秘·籍

可以先用叉子在派皮上扎几个小洞，再放入烤箱，以免派皮受热后破裂。

提子派

烤制时间：25分钟　　口味：甜

原料准备

细砂糖55克◎低筋面粉200克◎牛奶60
毫升◎黄油100克◎杏仁粉50克◎鸡蛋1
个◎提子适量

工具

刮板、搅拌器、派皮模具各1个◎小刀
1把◎保鲜膜1张◎玻璃碗1个◎烤箱1台

制作方法 🍰

1 低筋面粉开窝，加5克细砂糖、牛奶，用刮板拌匀。

2 加入黄油，用手和成面团。

3 用保鲜膜将面团包好，压平，放入冰箱冷藏30分钟。

4 取出面团后轻轻地按压一下，撕掉保鲜膜，压薄。

5 取一个派皮模具，盖上底盘。

6 放上面皮，沿着模具边缘贴紧，切去多余的面皮。

7 再次沿着模具边缘将面皮压紧，即成派皮。

8 细砂糖、鸡蛋倒入玻璃碗，加杏仁粉用搅拌器搅匀。

9 倒入黄油，搅拌至糊状，制成杏仁奶油馅。

10 将杏仁奶油馅倒入派皮模具内，至五分满，并抹匀。

11 把烤箱温度调成上火180℃、下火180℃。

12 模具放入烤盘，再放入烤箱中，烤25分钟取出。

13 去除模具，将烤好的派皮装盘。

14 用小刀将洗净的提子雕成莲花状，摆在派皮上即可。

🍲 **烤·功·秘·籍**

　　派皮不要太薄，以免在脱模的时候派皮碎掉；雕好的提子可以用牙签将籽剔除，更方便食用。

菠萝牛奶布丁

烤制时间：15分钟　　口味：甜

原料准备 🥄

牛奶500毫升◎细砂糖40克◎香草粉10克◎蛋黄2个◎全蛋3个◎菠萝粒15克

工具 🥄

量杯、搅拌器、筛网、锅各1个◎牛奶杯4个◎玻璃碗2个◎烤箱1台

制作方法 🍰

1 将锅置于火上，倒入牛奶，用小火煮热，加入细砂糖、香草粉，改大火，搅拌匀，关火后放凉。

2 全蛋、蛋黄倒入玻璃碗，用搅拌器拌匀。

3 把放凉的牛奶慢慢地倒入蛋液中，边倒边搅拌。

4 将拌好的材料用筛网过筛两次。

5 先倒入量杯中，再倒入牛奶杯至八分满。

6 将牛奶杯放入烤盘中，倒入适量清水，将烤盘放入烤箱中，调成上火160℃、下火160℃烤15分钟。

7 取出烤好的牛奶布丁，放凉，放入菠萝粒装饰即可。

🍲 **烤·功·秘·籍**

　　如果喜欢口感更细腻嫩滑的布丁，可以将布丁液多筛几次。

草莓牛奶布丁

烤制时间：15分钟　　口味：甜

原料准备

牛奶500毫升◎细砂糖40克◎香草粉10克◎蛋黄2个◎全蛋3个◎草莓粒20克

工具

量杯、搅拌器、筛网、锅各1个◎牛奶杯4个◎玻璃碗2个◎烤箱1台

制作方法

1 将锅置于火上，倒入牛奶，用小火煮热，加入细砂糖、香草粉，改大火，搅拌匀，关火后放凉。

2 将全蛋、蛋黄倒入玻璃碗中，用搅拌器拌匀，把放凉的牛奶慢慢地倒入蛋液中，边倒边搅拌。

3 将拌好的材料用筛网过筛两次。

4 先倒入量杯中，再倒入牛奶杯至八分满。

5 将牛奶杯放入烤盘中，倒入适量清水。

6 将烤盘放入烤箱中，调成上火160℃、下火160℃，烤15分钟至熟。

7 取出烤好的牛奶布丁，放凉，放入草莓粒装饰即可。

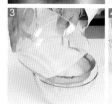

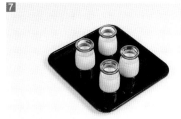

烤·功·秘·籍

牛奶一定要放凉后再倒入蛋液中，以免蛋液结块。

PART

烧烤炉美食 4

处理好食材放在烤架上，刷上调料，稍等一下美味佳肴就做成了，用烧烤炉做菜就是这么简单！一起来学习烧烤炉制作美食，体验功夫厨房的户外阵地。

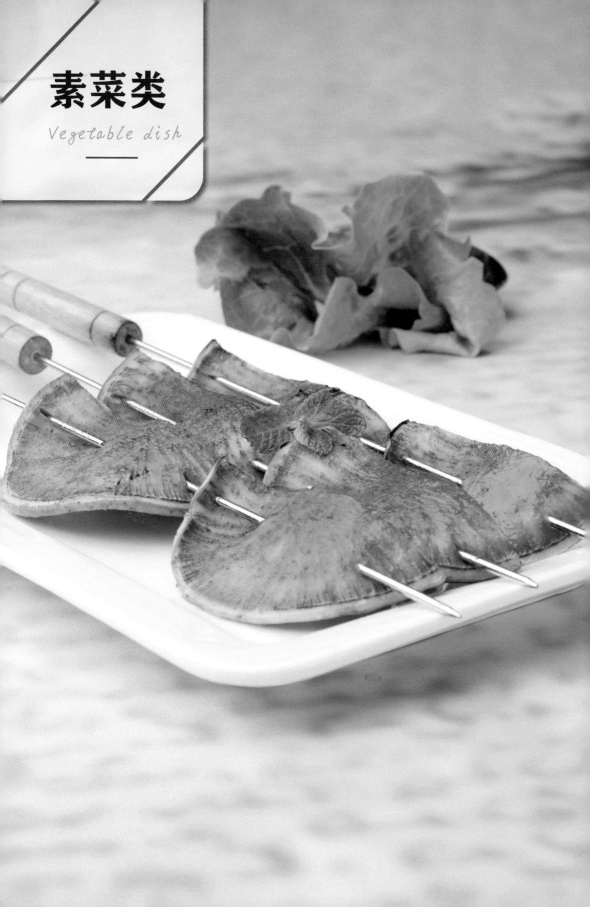

素菜类

Vegetable dish

烤心里美萝卜

烤制时间：3分钟　　口味：清淡

原料准备

心里美萝卜200克

调料

烧烤粉5克◎盐、食用油各适量

制作方法

1 洗净的心里美萝卜切成薄片，装盘待用。

2 用烧烤针将切好的心里美萝卜片呈波浪形穿成串，备用。

3 在烧烤架上刷适量食用油。

4 将心里美萝卜串放在烧烤架上。

5 在其两面均匀地刷上适量食用油，用中火烤1分钟至变色。

6 翻面，撒上适量盐，用中火烤1分钟。

7 再撒入适量烧烤粉，用小火烤1分钟至熟，将烤好的心里美萝卜串装入盘中即可。

烤·功·秘·籍

　　先把心里美萝卜放在盐水中腌渍，一定要腌够时间，否则水分没有完全排出，萝卜不脆，口味也不佳。

烤娃娃菜

烤制时间：5分钟　口味：清淡

原料准备 ✍

娃娃菜100克

调料 🥄

烧烤粉、孜然粉各5克
◎盐3克◎食用油适量

制作方法 🔥

1　将洗净的娃娃菜用竹扦穿成串，装盘备用。

2　在烧烤架上刷上适量食用油，放上娃娃菜。

3　分别在娃娃菜两面刷上适量食用油，再分别用中火烤2分钟。

4　将娃娃菜两面都撒上适量烧烤粉、盐、孜然粉，用中火烤1分钟至熟，将烤好的娃娃菜装入盘中即可。

炭烤香菜

烤制时间：3分钟　口味：清淡

原料准备
香菜100克

调料
烧烤粉、孜然粉各5克
◎盐3克◎食用油适量

制作方法

1 将洗净的香菜用竹扦穿成串，备用。

2 在烧烤架上刷适量食用油，将香菜串放在烧烤架上，在烤串两面刷上适量食用油，用中火烤2分钟至变色。

3 撒入适量盐、烧烤粉、孜然粉。

4 翻面，再撒入孜然粉、盐、烧烤粉，用中火烤1分钟至熟，将烤好的香菜装入盘中即可。

烤·功·秘·籍

　　盐要少放一些，以免掩盖香菜的鲜味；如果火势较旺，要经常翻转香菜。

串烧蔬菜

烤制时间：4分钟　口味：淡

原料准备

彩椒60克◎杏鲍菇20克◎荷兰豆15克

调料

盐3克◎烧烤粉、孜然粉各5克◎烧烤汁10毫升◎食用油适量

制作方法

1. 洗净的杏鲍菇切成细长条；洗好的荷兰豆去老筋；洗净的彩椒切细长条。
2. 用竹扦把切好的食材依次穿成串。
3. 在烧烤架上刷适量食用油。
4. 将烤串放到烧烤架上。
5. 在烤串两面刷上适量食用油，撒入适量烧烤粉、盐、孜然粉，刷上适量烧烤汁。
6. 将烤串翻面，同样撒入适量烧烤粉、盐、孜然粉，刷上适量烧烤汁、食用油，两面分别用中火烤2分钟，装入盘中即可。

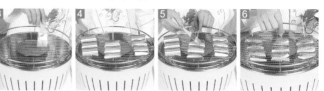

烤胡萝卜马蹄

烤制时间：7分钟　　口味：清淡

原料准备

马蹄肉、胡萝卜片各100克

调料

盐少许◎烧烤粉5克◎食用油适量

制作方法

1 将胡萝卜片、马蹄肉交错地穿到烧烤针上，备用。

2 将烤串放在烧烤架上，两面均刷上食用油，中火烤3分钟。

3 翻面，撒上少许盐、烧烤粉，再翻面，撒上盐、烧烤粉，将没有烤过的一面用中火烤3分钟至变色。

4 再刷上适量食用油，继续烤1分钟，装入盘中即可。

原料准备 🌽

玉米2根

调料 🥄

蜂蜜10克 ◎ 食用油适量

蜜汁烤玉米

烤制时间：7分钟　口味：甜

制作方法 🍚

1 在烧烤架上刷适量食用油。

2 将洗净的玉米放到烧烤架上。

3 用刷子刷上少许食用油，用中火烤2分钟至变色。

4 每隔1分钟翻转一次玉米，并刷上适量食用油、蜂蜜，烤5分钟至玉米熟透。

5 把烤好的玉米装入盘中。

6 再将烤好的玉米切成小段，装入盘中即可。

串烤莲藕片

烤制时间：2分钟　口味：辣

原料准备

莲藕250克

调料

盐2克◎孜然粉、烧烤粉、辣椒粉
各5克◎食用油适量

制作方法

1 洗净去皮的莲藕切成片，装入盘
中，待用。

2 用烧烤针将莲藕片穿成串，装盘
备用。

3 在烧烤架上刷适量食用油，将莲
藕串放在烧烤架上，在莲藕串上
刷适量食用油。

4 撒上适量盐、烧烤粉、辣椒粉、
孜然粉。

5 翻面，同样撒上调料，用中火烤
1分钟；再翻面，在没有调料的
地方撒上调料，烤1分钟。

6 将烤好的莲藕串装入盘中即可。

烤·功·秘·籍

可淋上适量老抽，使莲藕外观更佳；烧烤时要注意火
候，最忌讳外焦内生。

烤豆皮卷

烤制时间：6分钟　　口味：辣

原料准备

豆皮100克

调料

烧烤粉、孜然粉各5克◎辣椒粉、盐各2克◎烧
烤汁10毫升◎食用油适量

制作方法

1　将豆皮卷起，切成三等份，切去两边不平
　　整的部分。

2　打开豆皮，依次叠起，对半切开。

3　将豆皮卷成卷，用竹扦穿成串，装入盘
　　中，备用。

4　在烧烤架上刷适量食用油。

5　把豆皮串放在烧烤架上，刷适量食用油。

6　翻面，再刷上适量食用油，用中火烤2分钟
　　至变色。

7　在豆皮串两面均匀地撒上适量盐、烧烤
　　粉、孜然粉、辣椒粉，再用中火烤3分钟至
　　上色。

8　再刷上适量烧烤汁，用中火烤1分钟至熟，
　　将烤好的豆皮串装入盘中即可。

烤·功·秘·籍

豆皮不能卷得太紧，否则内部不易入味。

豆皮金针菇卷

烤制时间：7分钟　　口味：清淡

原料准备

豆皮50克◎金针菇100克◎彩椒丝20克

调料

烧烤粉、孜然粉各5克◎盐少许◎食用油适量

制作方法

1. 将洗净的豆皮切成长约10厘米、宽约3厘米的条，待用；洗净的金针菇切去根部。

2. 将豆皮平铺在砧板上，在豆皮一端放入金针菇、彩椒丝。

3. 慢慢地卷起，并用竹扦穿好，将剩余的豆皮、金针菇、彩椒丝依次穿好，备用。

4. 在烧烤架上刷适量食用油，将豆皮金针菇卷放在烧烤架上。

5. 均匀地刷上适量食用油，用小火烤3分钟至变色。

6. 撒上适量烧烤粉、盐、孜然粉。

7. 翻面，再撒上适量烧烤粉、盐、孜然粉，用小火烤3分钟至上色。

8. 再翻面，撒上烧烤粉，用小火烤1分钟至熟，将烤好的豆皮金针菇卷装盘即可。

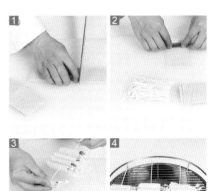
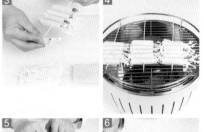
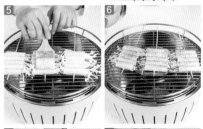

烤·功·秘·籍

金针菇一定要烤熟透再食用，否则易引起身体不适。

畜肉类

Meat

韩式烤五花肉

烤制时间：8分钟　　口味：鲜

原料准备
五花肉片150克◎葱花少许

调料
芝麻油10毫升◎烧烤汁5毫升◎OK酱、烤肉酱、烧烤粉、辣椒粉各5克◎柱侯酱3克◎孜然粉适量

制作方法

1 将五花肉片装入碗中，加入适量烧烤汁、烧烤粉、辣椒粉、烤肉酱。

2 再加入柱侯酱、OK酱、芝麻油。

3 用筷子拌匀，撒入适量孜然粉，拌匀，腌渍20分钟，至其入味。

4 用烧烤针将五花肉片呈波浪形穿好。

5 在烧烤架上刷适量芝麻油，将肉串放在烧烤架上，用大火烤3分钟至变色。

6 翻面，撒上孜然粉，用大火烤3分钟。

7 将肉串翻面，撒上适量孜然粉，用大火烤1分钟。

8 再次翻面，用大火烤1分钟至熟，将烤好的五花肉装盘，撒上葱花即可。

烤·功·秘·籍

烤五花肉的时间可稍微长一点，能减少其油腻感。

原料准备

鸡脆骨200克◎鸡腿肉150克

调料

鸡粉、盐、辣椒粉各3克◎孜然粉、烧烤粉各5克◎辣椒油、生抽、芝麻油、食用油各适量

骨肉相连

烤制时间：7分钟 口味：鲜

制作方法

1 将洗净的鸡腿肉去皮，切小块，把鸡腿肉倒入装有鸡脆骨的碗中。

2 撒入鸡粉、盐、烧烤粉、辣椒粉、孜然粉，倒入适量辣椒油、生抽、芝麻油，搅拌均匀，腌渍30分钟。

3 用烧烤针将鸡腿肉、鸡脆骨依次穿成串，备用。

4 在烧烤架上刷适量食用油，将烤串放在烧烤架上，用中火烤3分钟至变色。

5 把烤串翻面，用中火烤3分钟至上色。

6 撒入孜然粉，用中火续烤1分钟即可。

烤烟熏肉肠仔卷

烤制时间：10分钟　　口味：咸

原料准备 🌿
烟熏肉150克◎肠仔5根

调料 🥄
生抽、烧烤汁、甜辣酱、辣椒粉、
食用油各适量

制作方法 🍳

1 将肠仔一切为二，再将它的一端
切上"十"字花刀，不要切断，转
个方向再切一刀，呈"十"字形。
另一头也依此方法切"十"字花
刀；烟熏肉对半切开。

2 用烟熏肉将肠仔包卷起来，用牙
签固定好。

3 用烤夹将烟熏肉肠仔卷放在烤架
上，再用刷子将食用油刷在肠仔
卷上，把烧烤汁刷在肠仔卷上，
肠仔卷翻面之后，再刷上生抽。

4 肠仔卷上面撒上适量的辣椒粉。

5 用烤夹将肠仔卷不停地翻面，烧
烤约10分钟，至完全熟透。

6 装入盘中，配上甜辣酱即可。

🍳 **烤·功·秘·籍**

卷烟熏肉的时候不要太用力，以免把肉弄破了；烟熏肉
很容易熟，不可烤得太久。

烤火腿片

烤制时间：4分钟　　口味：咸

原料准备 🥄

美式火腿150克

调料 🧂

食用油10毫升

制作方法 🍳

1　将火腿切成0.5厘米厚的片，装入碗中，待用。

2　用竹扦将火腿片穿成串，备用。

3　火腿片放在烧烤架上，刷上食用油，用中火烤2分钟。

4　翻面，刷上适量食用油，用中火续烤2分钟至上色，将烤好的火腿片装入盘中即可。

原料准备 🥄

台湾香肠5根 ◎生菜、
蒜片各少许

调料 🥄

食用油适量

制作方法 🍳

1 在烧烤架上刷适量食用油。

2 将香肠放到烧烤架上，用中火烤1分
钟，把香肠翻面。

3 用铁扦将香肠戳小孔，翻转香肠，每
面均匀地烤1分钟。

4 在香肠表面刷上适量食用油，烤约1分
钟至熟，香肠切开，夹入蒜片，将洗
净的生菜叶铺在盘子中，把香肠蒜片
摆入盘中即可。

烤台湾香肠

烤制时间：3分钟 口味：鲜

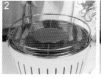

原料准备

贡丸250克◎生菜少许

调料

黑胡椒碎10克◎烧烤粉
5克◎烧烤汁5毫升◎孜
然粉、食用油各适量

黑胡椒烤贡丸

烤制时间：6分钟 口味：鲜

制作方法

1 将洗净的贡丸切上"十"字花刀，用
竹扦将贡丸穿成串，备用。

2 在烧烤架上刷适量食用油，将贡丸串
放到烧烤架上，用中火烤2分钟。

3 贡丸串翻面，刷上食用油、烧烤汁，
撒上烧烤粉、孜然粉、黑胡椒碎，烤2
分钟，旋转，刷上食用油、烧烤汁。

4 撒上烧烤粉、孜然粉、黑胡椒碎，旋
转贡丸串，烤约2分钟，将洗净的生菜
摆在盘中，把贡丸摆入盘中即可。

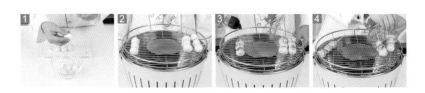

茴香粒烧牛柳排

烤制时间：9.5分钟　　口味：鲜

原料准备
牛柳排200克

调料
茴香粒10克◎橄榄油15毫升◎盐3克
◎烧烤汁10毫升◎蒙特利调料8克
◎鸡粉适量

制作方法

1 洗好的牛柳排装盘，抹上橄榄
油，撒上蒙特利调料、鸡粉、
盐，将烧烤汁淋在牛柳排上，用
手抹匀，把牛柳排翻面，按照同
样的方法均匀地抹上调料。

2 将茴香粒均匀地撒在牛柳排两
面，腌渍约1小时，备用。

3 在烧烤架上刷一层橄榄油。

4 把牛柳排放在烧烤架上，烤约5分
钟至其变色。

5 将牛柳排翻面，刷上适量橄榄
油，烤约3分钟。

6 再把牛柳排翻面，烤约半分钟至
熟，将烤好的牛柳排装盘即可。

烤·功·秘·籍

烤牛柳排时，一开始的温度要高一点，这样才能更好地
锁住肉汁。

烤金针菇牛肉卷

烤制时间：7分钟　　口味：鲜

原料准备

牛肉400克◎金针菇100克◎西芹30克◎胡萝卜1根

调料

烧烤粉5克◎生抽5毫升◎烤肉酱10克◎孜然粉、食用油各适量

制作方法

1 原料洗净；金针菇去根；西芹、胡萝卜切小条；将洗好的牛肉切薄片；用牛肉将蔬菜卷成卷，并用牙签固定。

2 烧烤架上刷食用油，放上牛肉卷烤2分钟，翻转牛肉卷。

3 刷食用油、生抽、烤肉酱，撒烧烤粉、孜然粉烤2分钟。

4 再次翻转，刷上生抽、烤肉酱，撒上烧烤粉、孜然粉烤2分钟，刷上食用油烤1分钟，装盘即可。

串烧牛柳

烤制时间：8分钟　　口味：鲜

原料准备 🥢
牛柳250克◎圆椒30克◎彩椒150克◎洋葱70克◎生菜少许

调料 🥄
蒙特利调料10克◎孜然粉、盐、烧烤汁、鸡粉、食用油各适量

制作方法 🍲

1 牛柳切小块；洗好的洋葱、彩椒、圆椒切小块，待用。

2 牛柳装碗，加入蒙特利调料、盐、鸡粉、烧烤汁、孜然粉、食用油抓匀，腌渍30分钟。

3 用烧烤针依次将洋葱、牛肉、圆椒、彩椒穿成串，备用。

4 在烧烤架上刷适量食用油，放上烤串，烤约3分钟。

5 将烤串翻面，刷少许食用油，用中火烤3分钟；翻转烤串，刷少许食用油，续烤约2分钟至熟。

6 将生菜摆在盘上，把烤好的烤串摆到盘中即可。

🍲 **烤·功·秘·籍**

　　彩椒最好切得与牛肉大小一致，这样受热会更均匀；吃时淋些醋，味道更有特色。

烤双色丸

烤制时间：6分钟　　口味：鲜

原料准备 🥜
牛肉丸、墨鱼丸各100克

调料 🥄
烧烤粉、辣椒粉各5克 ◎孜然粉3克 ◎食用油适量

制作方法 🍴

1 用竹扦依次将牛肉丸、墨鱼丸穿成串，装盘备用。

2 在烧烤架上刷适量食用油。

3 把烤串放在烧烤架上。

4 均匀地刷上适量食用油，用中火烤3分钟至上色。

5 用小刀在牛肉丸和鱼肉丸上划小口，以便成品更加入味。

6 旋转烤串，并刷上适量食用油，撒入烧烤粉、孜然粉、辣椒粉。

7 用中火烤3分钟至熟，将烤好的双色丸装入盘中即可。

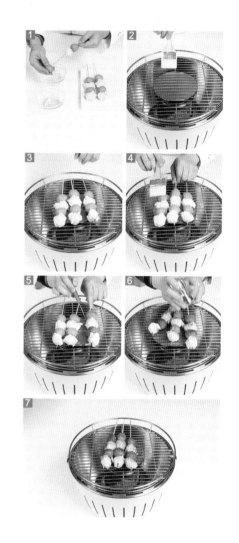

🍲 **烤·功·秘·籍**

划刀口时，刀口不宜过密、过深，以免烤散了。

禽蛋类

Poultry and eggs

串烧麻辣鸡块

烤制时间：20分钟 口味：辣

原料准备

鸡腿2个◎圆椒30克◎彩椒150克◎洋葱70克

调料

盐、花椒粉、辣椒粉、孜然粉、食用油、烧烤
汁、酱油、辣椒油、鸡精各适量

制作方法

1 将处理干净的鸡腿剔去骨头，切成2厘米大
小的方块状。

2 鸡腿肉装碗，加入适量鸡精、盐、孜然
粉，再撒入适量花椒粉、辣椒粉，淋入两
勺酱油、两勺食用油，加入少许辣椒油，
用手搅拌均匀，腌渍15分钟使其入味。

3 洗净的彩椒、圆椒切开，去籽，切成小方
块；处理好的洋葱切开，再切成小方块。

4 将鸡腿肉、彩椒块、洋葱块、圆椒块依次
串在烧烤针上。

5 在烤架上刷上食用油，放上串烧。

6 稍微烤一会儿，在串烧上刷少量食用油，
每烤3分钟换一面继续烤，撒上适量的花椒
粉在串烧上。

7 取少量的孜然粉，均匀地撒在串烧上。

8 用刷子将烧烤汁均匀地刷在串烧上，最后
在串烧上刷少量食用油，稍微烤一下，装
入盘中即可。

烤·功·秘·籍

　　给鸡肉去骨的时候最好将里面
的筋也剔除，食用起来更方便。

咖喱鸡肉串

烤制时间：7分钟　口味：鲜

原料准备

鸡腿肉300克

调料

盐3克◎咖喱粉15克◎
辣椒粉、鸡粉各5克◎
花生酱10克◎食用油
适量

制作方法

1 将洗净的鸡腿去骨、去皮，再切成小块，装入碗中。

2 撒入适量盐、鸡粉、辣椒粉、咖喱粉，倒入食用油、花生酱，拌匀，腌渍1小时，至其入味，待用。

3 用烧烤针将腌好的鸡腿肉穿好。

4 在烧烤架上刷适量食用油，放上鸡腿肉串，用中火烤3分钟至变色，翻面，刷上适量食用油，用中火烤3分钟至熟，再稍微烤一下，装入盘中即可。

迷迭香烤鸡胸肉

烤制时间：7分钟　　口味：咸

原料准备 🥘

鸡胸肉200克◎迷迭香碎3克

调料 🧂

盐、鸡粉各3克◎辣椒粉5克◎烧烤汁10毫升◎孜然粉、食用油各适量

制作方法 🍳

1 洗净的鸡胸肉切宽条，装入碗中，放入鸡粉、盐、烧烤汁、辣椒粉，再加入孜然粉、食用油、迷迭香碎，拌匀腌渍20分钟。

2 用竹扦将腌好的鸡胸肉穿好。

3 烧烤架上刷食用油，将烤串放到烧烤架上，用中火烤3分钟。

4 翻面，刷上食用油、烧烤汁烤3分钟，将烤串翻面，刷上食用油、烧烤汁，用中火烤1分钟。

5 再次将烤串翻面，撒入少许迷迭香碎，刷上少许食用油。

6 将烤串翻面，撒入少许迷迭香碎，将烤好的鸡胸肉装盘即可。

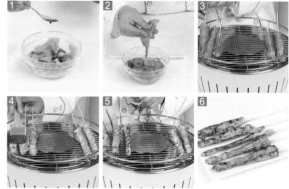

🍲 **烤·功·秘·籍**

也可以用橄榄油代替食用油，烤好的鸡肉会更嫩；要注意翻动，使鸡肉均匀受热。

蜜汁烧鸡全腿

烤制时间：30分钟　　口味：甜

原料准备 🥢
鸡腿2个

调料 🥄
烧烤汁5毫升◎花生酱、芝麻酱各5克◎盐3克
◎生抽适量◎蜂蜜20克◎食用油10毫升

制作方法 🍲

1 将洗净的鸡腿装入碗中，放入适量盐、蜂
　蜜、烧烤汁、花生酱，再加入芝麻酱、生
　抽、食用油，用手搅拌均匀，腌渍约1小
　时，备用。

2 在烧烤架上刷一层食用油。

3 放上鸡腿，用中火烤8分钟至其呈微黄色。

4 将鸡腿翻面，刷上适量蜂蜜，再刷上一层
　烧烤汁，用小火烤8分钟至其上色。

5 将鸡腿翻面，刷上适量蜂蜜。

6 再刷一层烧烤汁，用小火烤3分钟。

7 用小刀在鸡腿上划小口，刷上蜂蜜、烧烤
　汁，继续烤3分钟。

8 将鸡腿翻面几次，刷上蜂蜜与烧烤汁，至
　烤熟为止，将烤好的鸡腿装入盘中即可。

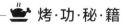

🍲 烤·功·秘·籍

蜂蜜不要刷得太多，以免影响鸡肉的口感。

原料准备

鸡中翅150克◎生菜少许◎白芝麻适量

调料

盐2克◎鸡粉、烧烤粉各3克、孜然粉、花生酱、芝麻酱各5克◎烧烤汁5毫升◎辣椒粉、食用油、辣椒酱、甜辣酱各适量

烤制时间：12分钟　口味：辣

香辣鸡中翅

制作方法

1 洗净鸡翅装碗，加入鸡粉、辣椒酱、烧烤粉、盐、孜然粉、烧烤汁、花生酱、芝麻酱、食用油拌匀，腌渍。

2 烧烤架上刷食用油，放鸡翅烤5分钟。

3 翻面，刷食用油烤5分钟，刷烧烤汁。

4 撒上孜然粉、烧烤粉、辣椒粉，将鸡中翅翻面，烤1分钟。

5 翻面，刷上烧烤汁、食用油，撒上孜然粉、烧烤粉、辣椒粉，翻面烤1分钟，撒上白芝麻，翻面再撒白芝麻。

6 装盘，另取盘子铺上生菜，放入甜辣酱，将鸡中翅放在生菜上即可。

串烤鸭胗

烤制时间：5分钟　口味：辣

原料准备

鸭胗300克◎白芝麻适量

调料

盐、鸡粉各3克◎孜然粉、辣椒粉
各10克◎烧烤粉5克◎辣椒油10毫
升◎烧烤汁5毫升◎食用油各适量

制作方法

1 洗净的鸭胗切成薄片，装碗。
2 在鸭胗上加入适量鸡粉、烧烤
　粉、烧烤汁、辣椒油，再放入辣
　椒粉、孜然粉、盐、食用油，搅
　拌均匀，腌渍20分钟至入味。
3 用竹扦将腌好的鸭胗穿成串。
4 在烧烤架上刷食用油，将鸭胗串
　放到烧烤架上，大火烤2分钟。
5 翻面，刷上少许食用油，撒上适
　量孜然粉、辣椒粉，用大火烤2分
　钟，继续翻面，刷上食用油。
6 撒上孜然粉、辣椒粉烤1分钟，
　翻动鸭胗串，撒上白芝麻即可。

烤·功·秘·籍

　　烤制鸭胗的时间不宜过长，最好也不要用大火烤，以免
将其烤老。

香辣鸭肠

烤制时间：2分钟　　口味：辣

原料准备

鸭肠100克◎白芝麻
少许

调料

盐2克◎烧烤粉、辣
椒粉、孜然粉各5克
◎芝麻油、辣椒油、
生抽各5毫升◎芝麻
酱少许◎食用油适量

制作方法

1 洗净的鸭肠装碗，加盐、烧烤粉、孜然粉、芝麻油、辣
   椒油、芝麻酱、生抽、辣椒粉拌匀，腌渍20分钟。
2 用竹扦将腌好的鸭肠穿成串，装入盘中，待用。
3 烧烤架上刷食用油，放上鸭肠串，大火烤1分钟。
4 翻面烤1分钟，翻转鸭肠，撒入白芝麻，装入盘中即可。

香辣鸭掌

烤制时间：12分钟　　口味：辣

原料准备

熟鸭掌5个

调料

烧烤粉、辣椒粉、烤肉酱各5克◎
烧烤汁5毫升◎孜然粉4克◎盐少许
◎食用油适量

制作方法

1　将熟鸭掌用鹅尾针穿成串，装盘
　　备用。

2　在烧烤架上刷适量食用油，将鸭掌
　　串放在烧烤架上，用小火烤5分钟
　　至变色。

3　在鸭掌的两面均匀地刷上适量烧
　　烤汁，用小火烤5分钟至上色。

4　翻转鸭掌，并均匀地刷上烤肉
　　酱，烤约半分钟至入味。

5　在鸭掌串两面撒上烧烤粉、盐、
　　辣椒粉，用小火烤1分钟。

6　再撒入适量孜然粉，用小火烤半
　　分钟至熟即可。

烤·功·秘·籍

　　鸭掌皮糙肉厚，可适当延长烤制的时间，也可提前将鸭
掌放沸水中煮5分钟，取出撕去黄皮，剁去趾尖后再烤。

水产类

Aquatic products

串烤鱿鱼花

烤制时间：5分钟　口味：鲜

原料准备 🦑

鱿鱼400克◎白芝麻适量

调料 🥄

烧烤汁8毫升◎花生酱、辣椒粉各8克◎芝麻酱、烧烤粉各5克◎孜然粉、食用油各适量

制作方法 🍳

1 洗净的鱿鱼切花刀，再切成小块，备用。

2 锅中注入适量的清水烧开，放入切好的鱿鱼，汆煮一会儿，捞出汆煮好的鱿鱼，沥干水分，备用。

3 将鱿鱼装入碗中，放入备好的烧烤粉、辣椒粉、孜然粉、烧烤汁、食用油、芝麻酱、花生酱。

4 搅拌均匀，腌渍10分钟，至其入味。

5 用竹扦将腌好的鱿鱼穿成串，备用。

6 在烧烤架上刷适量食用油。

7 将鱿鱼串放到烧烤架上，用中火烤2分钟至变色。

8 将鱿鱼串翻面，刷上少许食用油、烧烤汁，撒上白芝麻，烤约2分钟，翻面，撒上少许白芝麻，烤约1分钟，装入盘中即可。

🍗 **烤·功·秘·籍**

鱿鱼已经汆过水，因此不要烤太久，以免影响口感。

原料准备

柠檬30克◎沙尖鱼200克
◎洋葱适量

调料

盐、孜然粉、烧烤粉各3
克◎辣椒粉5克◎辣椒油
10毫升◎烧烤汁5毫升◎
鸡粉、食用油各适量

辣烤沙尖鱼

烤制时间：7分钟　口味：辣

制作方法

1 将洗净的柠檬切成小块，待用。

2 处理好的沙尖鱼装碗，挤入柠檬汁，
加入鸡粉、辣椒粉、烧烤粉、盐、孜
然粉、辣椒油、烧烤汁拌匀，腌渍。

3 在烧烤架上刷适量食用油，将沙尖鱼
平放在烧烤架上，用中火烤3分钟。

4 沙尖鱼翻面，刷上食用油、烧烤汁，
撒入辣椒粉，用中火烤3分钟。

5 翻面，再刷上食用油、烧烤汁，撒上
适量孜然粉、辣椒粉，小火烤1分钟。

6 将装入盘中，点缀上洋葱即可。

孜然串烧虾

烤制时间：7分钟　口味：鲜

原料准备

虾250克◎柠檬适量

调料

孜然粒、烧烤粉、辣椒粉各5克◎辣椒油、芝麻油各8毫升◎孜然粉3克◎烧烤汁、盐各适量

制作方法

1 洗净的虾背部切开，去虾线，装碗，加入盐、烧烤粉、辣椒粉、孜然粉、辣椒油、烧烤汁拌匀，腌渍10分钟。

2 将虾摆成"U"形，再逐一穿起来，备用。

3 把虾串放到烧烤架上，烤约3分钟，将虾串翻面。

4 刷上芝麻油，撒上孜然粒烤3分钟，翻面，调入芝麻油、孜然粉烤1分钟，装盘，放上少许柠檬即可。

烤·功·秘·籍

可以用牙签插入虾背，挑去虾线；虾烤的时间不宜过长，以烤到不再透明即可。

锡纸烤花甲

烤制时间：15分钟　　口味：鲜

原料准备 🐚

花甲150克

调料 🥄

盐3克◎孜然粉、烧
烤粉各5克◎食用油
适量

制作方法 🍯

1. 在烧烤架上铺一层锡纸，刷上适量食用油。

2. 放入洗净的花甲，用中火烤10分钟至花甲开口。

3. 撒入适量盐，刷上适量食用油，再撒上备好的烧烤粉、
   孜然粉。

4. 用大火续烤5分钟至熟，将烤好的花甲装入盘中即可。

原料准备

蛤蜊200克◎葱花少许

调料

烧烤粉5克◎盐3克◎胡椒粉2克◎食用油适量

制作方法

1 用夹子把洗净的蛤蜊放在烧烤架上。

2 用大火烤至蛤蜊开口。

3 在蛤蜊肉上撒上适量盐、烧烤粉、胡椒粉。

4 再刷上适量食用油，烤3分钟至熟，将烤好的蛤蜊装入盘中，撒上备好的葱花即可。

炭烤蛤蜊

烤制时间：3分钟　口味：鲜

蒜蓉扇贝

烤制时间：8分钟　口味：鲜

原料准备

扇贝4个◎蒜蓉、彩椒末各适量◎葱花少许

调料

盐、白胡椒粉各适量◎食用油8毫升

制作方法

1　将洗净的扇贝放在烧烤架上，用中火烤3分钟至起泡。

2　在扇贝上淋入适量食用油。

3　撒上盐、白胡椒粉，放入蒜蓉、彩椒末，用中火烤5分钟至熟。

4　将烤好的扇贝装入盘中，撒上备好的葱花即可。

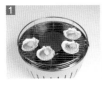

甜辣酱烤扇贝

烤制时间：6分钟　　口味：鲜

原料准备

扇贝4个

调料

甜辣酱15克◎盐3克◎白胡椒粉3克
◎柠檬汁适量◎食用油8毫升

制作方法

1　将洗净的扇贝肉放入碗中。

2　放入适量盐、白胡椒粉，滴适量
　柠檬汁，腌渍5分钟至其入味。

3　把腌好的扇贝肉放回扇贝壳中，
　备用。

4　将扇贝放在烧烤架上，用中火烤
　3分钟至起泡。

5　在扇贝上淋入适量食用油，用中
　火烤2分钟至散出香味。

6　放入适量甜辣酱，用中火续烤1分
　钟至熟，将烤好的扇贝装入盘中
　即可。

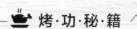 烤·功·秘·籍

　　如果用锡纸包裹扇贝，更可以保证扇贝水分不过多流
失，令烤出来的扇贝保持新鲜的口感。

原料准备

生蚝3个◎蒜蓉20克◎
葱花少许

调料

盐3克◎鸡粉、白胡椒
粉、食用油各适量

蒜蓉烤生蚝

烤制时间：二二分钟　口味：鲜

制作方法

1 将洗净的生蚝放到烧烤架上，用中火
  烤约2分钟至冒气。

2 撒上适量盐、白胡椒粉、鸡粉、蒜
  蓉，淋上少许食用油。

3 再撒入适量盐、鸡粉，用中火烤8分钟
  至生蚝壳里的汤汁冒泡，刷上少许食
  用油，烤约1分钟。

4 在每个生蚝上撒入少许葱花，将烤好
  的生蚝装入盘中即可。

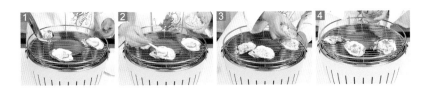

莳萝草烤带子

烤制时间：6分钟　　口味：鲜

原料准备 ✍

莳萝草10克◎柠檬1小块◎带子肉50克

调料 🥄

盐3克◎白胡椒粉、食用油各适量

制作方法 🍲

1 洗净莳萝草切碎末；洗好的带子肉上撒盐、白胡椒粉。

2 翻面，同样撒入适量盐、白胡椒粉；挤入柠檬汁腌渍。

3 在烧烤架上刷食用油，将带子肉放烧烤架上烤3分钟。

4 刷上少许食用油，撒上莳萝草末，将带子肉翻面，刷上适量食用油，撒入莳萝草末，用中火烤约3分钟即可。

培根蒜蓉烤青口

烤制时间：12分钟　　口味：咸

原料准备

青口7个◎蒜蓉25克◎培根末25克◎莳萝草少许

调料

香麻油、盐、鸡精、胡椒粉、烧烤汁各适量

制作方法

1 将处理好的青口去壳取肉，贝壳放一边备用，将青口肉放入清水中，清洗干净。

2 将青口肉装入碗中，加入适量鸡精、盐，放入适量胡椒粉，拌匀片刻，腌渍大约5分钟至入味。

3 将腌渍好的青口肉放回壳中，用烤夹将青口夹放在烤架上，烤3分钟左右。

4 用小勺将备好的培根末撒在青口肉上。

5 将蒜蓉均匀地放在青口上。

6 将适量香麻油淋在青口上，烤香。

7 再淋入适量的烧烤汁，烤大约8分钟至入味，将少许莳萝草放在青口上，烤出香味，再烤大约1分钟，装入盘中即可。

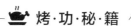

烤·功·秘·籍

处理青口的时候不要弄破了，以免影响口感。

紫苏烤小扇贝

烤制时间：10分钟　　口味：鲜

原料准备

扇贝6个◎紫苏10克◎蒜蓉3克◎罗勒叶少许

调料

盐3克◎鸡粉、白胡椒粉各4克◎食用油适量

制作方法

1 将洗净的扇贝用刀尖撬开，把扇贝肉与壳分开。

2 把扇贝肉放入清水中，取出内脏。

3 将扇贝壳放入盘中，把处理好的扇贝肉放在扇贝壳上。

4 洗净的紫苏切末，装入碗中。

5 在扇贝肉上撒入适量盐、鸡粉、白胡椒粉，依次放上蒜蓉、紫苏末，备用。

6 烧烤架刷上食用油，将扇贝壳放在烧烤架上，用中火烤至扇贝肉熟。

7 将烤好的扇贝装入盘中，根据自己的喜好可放入少许罗勒叶装饰即成。

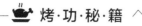 烤·功·秘·籍

扇贝内脏要清除干净，否则会有腥味。

主食类

Staple food

原料准备 🥕

白馒头150克 ◎ 熔化的黄油15克

黄油烤馒头片

烤制时间：4分钟　口味：清淡

制作方法 🍳

1 将白馒头切成片，待用。

2 在烧烤架上刷适量黄油。

3 将切好的馒头片放在烧烤架上，用小火烤3分钟至上色。

4 翻面，再均匀地刷上适量黄油，用小火烤1分钟，将烤好的馒头片装入盘中即可。

香辣香芋馒头片

烤制时间：4分钟　口味：辣

原料准备

香芋馒头2个

调料

盐3克◎烧烤粉、辣椒粉、孜然粉
各4克◎食用油适量

制作方法

1 将香芋馒头切成片，待用。

2 用竹扦将馒头片穿成串，备用。

3 把馒头串放在烧烤架上，用小火
　烤2分钟至上色。

4 撒入辣椒粉、盐、孜然粉、烧烤
　粉；翻面，同样撒入辣椒粉、
　盐、孜然粉、烧烤粉。

5 再刷上适量食用油，用小火烤
　2分钟至熟。

6 将烤好的馒头串装入盘中即可。

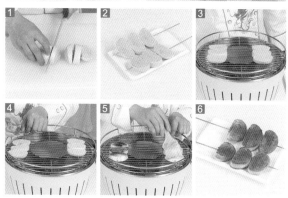

烤·功·秘·籍

　　馒头片不要切得太薄，否则容易烤煳；调料很重要，烧
烤粉和孜然粉是1∶1的比例混合。

烤年糕

烤制时间：三分钟　口味：辣

原料准备
年糕100克

调料
烧烤粉、辣椒粉各5克
◎盐2克◎食用油适量

制作方法

1 将洗净的年糕切成3厘米宽的小块，装入碗中，待用。

2 在烧烤架上刷适量食用油，将切好的年糕放在烧烤架上，用小火烤5分钟至变色。

3 刷上少许食用油，翻面，继续烤5分钟至变色。

4 刷上适量食用油，撒入适量烧烤粉、盐、辣椒粉。

5 翻面，撒入烧烤粉、盐、辣椒粉。

6 再烤1分钟至熟即可。